TRAITÉ

DES

CHEVAUX ARDENNAIS.

Charleville — Imp. de J. HUART.

TRAITÉ

DES

CHEVAUX ARDENNAIS

CE QU'ILS ÉTAIENT, CE QU'ILS SONT, CE QU'ILS PEUVENT ET DOIVENT ÊTRE ;

Par DUBROCA,

VÉTÉRINAIRE EN 1ᵉʳ AU 8ᵉ DRAGONS, MEMBRE DE L'ACADÉMIE DE REIMS ET DES SOCIÉTÉS D'AGRICULTURE DES ARDENNES, DE MÉDECINE VÉTÉRINAIRE ET COMPARÉE DE LA SEINE, ET D'ÉMULATION DE CAMBRAI.

Avant d'entreprendre l'amélioration d'une race, avant d'altérer des formes acquises depuis longtemps, il faut commencer par la bien connaître, en apprécier les avantages, les inconvéniens, et remonter aux causes qui l'ont produite.

(Considérations sur l'amélioration des animaux domestiques, par Favre, *médecin-vétérinaire.)*

Charleville

Chez Jules HUART, Imprimeur ;

ET

CHEZ LES PRINCIPAUX LIBRAIRES DU DÉPARTEMENT.

1846

INTRODUCTION.

—∞—

Les chevaux, comme tous les individus organisés, acquièrent une manière d'être bien évidente sous l'influence active et persistante des lieux dans lesquels ils vivent. Les productions du sol, l'action incessante du climat, les soins dont ils sont l'objet, tout concourt à modifier leur ensemble de manière à permettre à l'homme instruit et intelligent d'obtenir à son gré des chevaux présentant telle forme ou offrant telle qualité. En effet, pour l'homme persévérant qui sait étudier la nature et l'aider dans son action puissante, l'élève du cheval devient une source d'où découlent pour lui le bien-être et la satisfaction, puisque cette importante industrie lui permet en quelque sorte, si j'ose le dire, de participer aux attributs de la divinité, en créant des êtres animés selon ses désirs.

L'industrie chevaline présentant le triple avantage d'être une richesse nationale importante, une force militaire indispensable et une occasion de prospérité et de bonheur pour les éleveurs, on ne saurait trop répandre dans le public les connaissances propres à généraliser cette industrie. Nous sommes bien loin encore, en France, de voir le goût du cheval et le besoin de son usage répandus comme en Angleterre où le premier vœu de tout homme un peu aisé, après qu'il a acquis un chez-soi, est de posséder un cheval ; et cela, malgré les taxes et le renchérissement des grains, qui résultent d'une multiplication de chevaux toujours croissante. Nous sommes encore loin d'envisager l'élève des chevaux comme une branche principale d'économie agricole et de voir chez nous cette nombreuse population chevaline que l'on rencontre dans le duché de Bade, par exemple, où, au rapport de M. Nivière, on peut citer tel village où trois cents habitants élèvent et nourrissent *neuf cents* chevaux et *trois cents* vaches.

On a beaucoup écrit, d'une manière générale, sur l'élève du cheval, mais les localités ont été jusqu'à ce jour peu étudiées. Pensant que c'est au moyen de ces études spéciales qu'on parviendra plus sûrement à éclairer cette importante question, nous avons cru devoir profiter de notre séjour dans le département des Ardennes pour étudier cette contrée ainsi que les moyens dont il conviendrait de faire l'application pour parvenir à changer l'espèce de chevaux qu'elle possède aujourd'hui, en une autre plus appropriée aux besoins actuels de la France. A cet effet nous traiterons de la statistique agronomique dans ses rapports avec l'élève du cheval, des modifications dont la race ardennaise a été l'objet, et des moyens que nous croyons propres à opérer en elle un changement avantageux.

CHAPITRE Ier

❋

TOPOGRAPHIE ET STATISTIQUE AGRONOMIQUES.

❋

Situation et Aspect.

L'Ardenne, contrée montueuse et boisée, s'étend
entre le grand duché du Bas-Rhin, le royaume de
Hollande et la France, dont elle occupe une faible
partie. Son nom français vient du celte *ard*, c'est-à-
dire hauteur.

Le département des Ardennes, division frontière,
est borné au nord par la Belgique et le département
du Nord, au sud par le département de la Marne, à

l'est par celui de la Meuse et le grand duché de Luxembourg , et à l'ouest par le département de l'Aisne. Il tire son nom de la grande forêt des Ardennes qui le couvrait autrefois.

Compris entre le 49ᵉ degré 14 minutes et le 50ᵉ degré 11 minutes de latitude , et entre le 1ᵉʳ degré 40 minutes, 3ᵉ degré 4 minutes de longitude à l'est du méridien de Paris, ce département a 10 myriamètres 5 kilomètres de longueur du nord au sud ; sa largeur est de 10 myriamètres 2 kilomètres de l'est à l'ouest ; et sa superficie totale est de 517,375 hectares.

D'un aspect sauvage dans sa partie nord , le département des Ardennes , qui produit en abondance du bois, du fer, du marbre, de l'ardoise, de la houille, etc., peut être divisé en deux parties, inégales pour l'étendue, mais dont les caractères sont bien tranchés. La première, ou zône ardennaise, située au nord, offre un plateau dont les points culminants s'élèvent de 4 à 500 mètres au-dessus du niveau de l'Océan et qui s'abaisse vers la Belgique , par des ondulations modérées et nombreuses , pour s'unir au terrain de ce royaume. Cette contrée, très-montueuse, très-irrégulière et comme bouleversée , présente un aspect tout-à-fait pittoresque.

La seconde partie, comprenant les régions centrale et méridionale, renferme les zônes champenoise, axonienne (rivière d'Aisne) et la zône centrale. Les collines de cette deuxième division , dont les plus élevées ne sont qu'à 350 mètres au-dessus de la mer , offrent une grande régularité. Les pentes assez prononcées du côté du nord , s'étendent vers le midi par une douce inclinaison, sur une grande étendue.

La zône champenoise comprend les cantons de Monthois, d'Asfeld, Machault et Juniville, une grande partie de celui de Rethel et une portion de celui de Château-Porcien. Le sol en est calcaire.

La zône axonienne ou rivière d'Aisne, s'étend de Vouziers aux limites du canton d'Asfeld. Le sol est un terrain d'alluvion, de sédiment , dû aux débordemens de l'Aisne et aux déplacements successifs sur plusieurs points du lit de cette rivière.

La zône centrale comprend la partie orientale des cantons de Vouziers et de Monthois , les cantons de Buzancy, de Grandpré, de Mouzon , de Carignan , de Sedan, de Raucourt, de Flize, du Chesne, de Tourteron, d'Omont , de Mézières , de Novion , de Chaumont et partie du canton de Signy-l'Abbaye.

La zône ardennaise comprend une partie de l'arrondissement de Mézières et la plus grande partie de celui de Rocroi. Le sol , schisteux et tourbeux sur les hauteurs et les pentes, est argilo-sableux dans les vallées, qui sont à peu près les seules cultivées ; partout ailleurs , sur les plateaux élevés et sur les pentes , se trouve la forêt.

Rivières et Canaux.

Deux rivières principales coulent dans le département, l'une au nord, l'autre au midi : la Meuse et l'Aisne. Toutes deux navigables, elles communiquent entr'elles par le canal des Ardennes qui complète un système de navigation important.

La Meuse parcourt le département sur une étendue de 176,794 mètres; ses principaux affluents sont : la Semoy, la Houille, la Sormonne, la Bar, la Vrigne, la Chiers et la Vence.

L'Aisne, qui décrit une ligne parabolique en parcourant le département, présente une étendue de 138,777 mètres, et reçoit, pendant ce trajet, l'Aire, la Retourne et la Vaux.

L'Aisne, que par reconnaissance quelques personnes se plaisent à nommer *Petit Nil*, possède, comme ce fleuve célèbre, le précieux avantage de fertiliser les terres sur lesquelles ses fréquents débordements déposent une terre végétale, grasse et profonde, qui rend le fumier inutile. Aussi les prairies naturelles et artificielles présentent-elles une richesse peu commune.

Routes et Chemins vicinaux.

Six routes royales sur un développement de 371,987 mètres, neuf routes départementales, 27 chemins de grande communication et un ensemble de 4,200 kilomètres environ de chemins vicinaux dans un état viable assez satisfaisant, sillonnent le département en tous sens.

Sol végétal.

La terre ou sol végétal, c'est-à-dire cette surface extérieure où se développe la végétation qui en fait la richesse et son plus bel ornement, offre généralement peu de profondeur. L'épaisseur de cette couche, beaucoup plus grande dans les parties basses, principalement dans les vallées profondes, que sur les plateaux élevés, est formée par la désagrégation et l'altération des couches qui la dominent et de celles qu'elle recouvre, par le résidu de la décomposition des végétaux et des animaux qu'elle produit par le débordement des rivières et des ruisseaux, ainsi que par les engrais qu'on y répand.

La superficie des terres labourables est de 314,222 hectares qui, ensemencées en céréales, donnent un produit moyen de 12 à 14 hectolitres. 74,000 hectares sont ensemencés en avoine qui se vend, terme moyen, 5 francs 50 cent. l'hectolitre.

Le sol ardennais est, suivant les différentes localités, argilo-sableux, argilo-calcaire-sableux, calcaire-argileux ou siliceux, tourbeux, ferrugineux, avec différentes modifications.

Le sous-sol, qui exerce toujours une grande influence sur la végétation, est, en général, composé de manière à permettre de varier les productions du sol d'une manière satisfaisante. C'est là une circonstance heureuse, car on sait que les couches arables sont plus ou moins productives, selon que les eaux pluviales pénètrent à une profondeur plus ou moins grande, ou séjournent à peu de distance de la surface du sol. Un sous-sol imperméable est désavantageux à une couche peu épaisse de terre végétale, parce que, retenant l'eau, les racines des plantes toujours noyées, souffrent et finissent par périr. Par un effet contraire, un sous-sol très-perméable est nuisible à un sol léger puisque, dans ce cas, l'eau descend inutilement à une grande profondeur.

Plantes fourragères.

Parmi les plantes qui constituent le fond des prairies naturelles et celles qui croissent spontanément dans les bois et les pâturages, on remarque plus particulièrement :

NOMS FRANÇAIS.	NOMS SYSTÉMATIQUES.
Ache celeri.	Apium graveolens.
Achillée mille feuilles.	Achillea mille folium.
» sternutatoire.	— ptarmica.
Agrostis éventé.	Agrostis spica venti.
— genouille.	— geniculata.
— traçant.	— stolonifera.
Aigremoine des boutiques.	Agrimonia eupatoria.
Ail sauvage.	Allium sylvestre.
Alchemille commune.	Alchemilla vulgaris.
— des champs.	— aphanes.
Anémone pulsatille.	Anemone pulsatilla.
— Sylvie.	— nemorosa.
Ancolie vulgaire.	Aquilegia vulgaris.
Anthyllide vulnéraire.	Anthyllis vulneraria.

Arabelle rameuse.	Arabis thaliana.
Armoise commune.	Artemisia vulgaris.
Arrête bœuf des champs.	Anonis arvensis.
Aspérule rubéole.	Asperula tinctoria.
— odorante.	— odorata.
Asclépiade blanche.	Asclepias alba.
Astragale à feuilles de réglisse	Astragalus glycyphyllos.
Avoine élevée.	Avena elatior.
— pubescente.	— pubescens.
— des prés.	— pratensis.
Berce branc ursine.	Heracleum sphondilium.
Berle à larges feuilles.	Sium latifolium.
— nodiflore.	— nodiflorum.
— à feuilles étroites.	— angustifolium.
Bétoine officinale.	Betonica officinalis.
Boucage majeure.	Pimpinella magna.
— mineure.	— saxifraga.
— angélique.	Agopodium podagraria.
Bourse à pasteur.	Thlaspi bursa pastoris.
Brize tremblante.	Briza tremula.
— amourette.	— eragrostis.
Brome Seglin.	Bromus mollis.
— gigantesque.	— giganteus.
— des champs.	— arvensis.
— des bois.	— sylvaticus.
Brunelle commune.	Brunella vulgaris.
— découpée.	— laciniata.
Bruyère commune.	Erica vulgaris.
Bugle rampante.	Ajuga reptans.
Buplèvre fauciller.	Buplevrum falcatum.
Cameline aquatique.	Myagrum aquaticum.
Camomille des champs.	Anthenis arvensis.
— puante.	— cotula.
Campanule glomérulée.	Campanula glomerata.
— gantelée.	— trachelium.
— inclinée.	— rapunculoïdes.
— à fleurs de pêcher.	— persicifolia.
— mineure.	— minor.
Canche élevée.	Aira altissima.
— œillette.	— caryophillea.
— aquatique.	— aquatica.
— flexueuse.	— flexuosa.
— blanchâtre.	— canescens.
Caille-lait nerveux.	Galium nervosum.

Caille-lait des marais.	Galium palustre.
— couché.	— supinum.
— blanc.	— mollugo.
— jaune.	— verum.
Carline vulgaire.	Carlina vulgaris.
Cardère sauvage.	Dipsacus sylvestris.
Carotte sauvage.	Daucus carotta.
Carvi commun.	Carum carvi.
Cerfeuil sauvage.	Chœrophilum sylvestre.
— malfaisant.	— temulum.
Ceraiste commun.	Cerastium vulgatum.
— des champs.	— arvense.
— aquatique.	— aquaticum.
Chardon frisé.	Carduus crispus.
— des prés.	— pratensis.
— disséqué.	— dissectus.
— penché.	— nutans.
— acanthin.	— Acanthoïdes.
— laineux.	— Eriophorus.
Chélidoine majeure.	Chelidonium majus.
Choin noirâtre.	Schœnus nigricans.
Chicorée sauvage.	Chicorium sylvestre.
Chiendent, froment rampant.	Triticum repens.
Cicutaire d'eau.	Cicutaria aquatica.
Ciguë maculée.	Conium maculatum.
Cocrète, crête de coq.	Rinanthus crista galli.
— velue.	— hirsuta.
Colchique d'automne.	Colchium automnale.
Consoude grande.	Symphitum magnum.
Coronille bigarrée.	Coronilla varia.
Coqueret alkekenge.	Physalis alkekengi.
Coquelicot.	Papaver rheas.
Crépide bisannuelle.	Crepis bisannis.
— verdâtre.	— virens.
Cresson des prés.	Cardamine pratensis.
— petites fleurs.	— parviflora.
Crételle.	Cynosurus cristatus.
Cucubale behen.	Cucubalus behen.
Cuscute d'Europe.	Cuscuta Europea.
Cynoglosse officinale.	Cynoglossum officinale.
Dactyle pelotonné.	Dactylis glomerata.
Digitale pourprée.	Digitalis purpurea.
Euphraise officinale.	Euphrasia officinalis.
Eupatoire commun.	Eupatorium cannabinum.

Eupatoire tardif.	Eupatorium serotinum.
Epervière ombellée.	Hieracium umbellatum.
— piloselle.	— pilosella.
— des marais.	— paludosum.
Epilobe mollet.	Epilobium molle.
— tétragone.	— tetragonum.
— velu.	— hirsutum.
Euphorbe doux.	Euphorbia dulcis.
— des blés.	— segetalis.
— réveille matin.	— helioscopius.
— cyparisse.	— cyparissias.
— menu.	— exigua.
— épurge.	— lathyris.
Fétuque élevée.	Festuca elatior.
— flottante.	— fluitans.
— des prés.	— pratensis.
— ovine.	— ovina.
— durette.	— duriuscula.
Fléole des prés.	Phleum pratense.
— noueuse.	— nodosum.
Flouve odorante.	Anthoxanthum odoratum.
Fluteau plantaginé.	Alisma plantago.
Fougère aiglée.	Pteris aquila.
— mâle.	Felix mascula.
Fraisier de table.	Fragaria vesca.
— stérile.	— sterilis.
Fumeterre bulbeuse.	Fumaria bulbosa.
— officinale.	— officinalis.
Genet herbacé.	Genista herbacea.
— à balais.	— scoparia.
Gentiane croisette.	Gentiana cruciata.
— amarelle.	— amarella.
Géranium livide.	Geranium lividum.
— des prés.	— pratense.
— sanguin.	— sanguineum.
Gesse des prés.	Lathyrus pratensis.
— des blés.	— aphaca.
— des bois.	— sylvestris.
— des marais.	— palustris.
Globulaire vulgaire.	Globularia vulgaris.
Grassette vulgaire.	Pinguicula vulgaris.
Gratiole officinale.	Gratiola officinalis.
Gremil officinal.	Lithospermum officinale.
— des champs.	— arvense.

Grippe des champs. — Lycopsis arvensis.
Guimauve officinale. — Althæa officinalis.
Hellebore pied de griffon. — Helleborus fœtidus.
Helleborine à feuilles larges. — Serapias latifolia.
Hippocrèpe, fer à cheval. — Hippocrepis, fernum equinum
Houlque laineuse. — Holcus lanatus.
— molle. — — mollis.
Impératoire sauvage. — Imperatoria sylvestris.
Inule à feuilles de sauge. — Inula salicina.
— aunée. — — helenium.
Jacée des prés. — Jacea pratensis.
Jacinthe des prés. — Hyacinthus non scriptus.
— noire. — — nigra.
Jonc rude. — Joncus squarrosus.
— articulé. — — articulatus.
— bulbeux. — — bulbosus.
— des crapauds. — — bufonius.
— des champs. — — campestris.
Iris des prés. — Iris sibirica.
— germanique. — — germanica.
Ivraie vivace. — — lolium perenne.
Laiche dioïque. — Carex dioïca.
— paniculée. — — paniculata.
— panicée. — — panicea.
— velue. — — hirta.
— altière. — — maxima.
— espacée. — — distans.
— digitée. — — digitate.
— blanchâtre. — — canescens.
Laitron commun. — Sonchus oleraceus.
— des marais. — — palustris.
— des champs. — — arvensis.
Laitue sauvage. — Lactuca scariola.
— vireuse. — — virosa.
Lin purgatif. — Linum catharticum.
Linaigrette à laine. — Linagrostis viginata.
— paniculée. — — paniculata.
Liseron des haies. — Convolvulus sepium.
Lotier corniculé. — Lotus corniculatus.
Luserne cultivée. — Medicago sativa.
— lupuline. — — lupulina.
— faucille. — — falcata.
Lychnide déchirée. — Lychnis laciniata.
— dioïque. — — dioïca.

Lychnide à fleurs de coucou.	Lychnis floscuculi.
Lycope des marais.	Lycopus palustris.
Lysimaque commune.	Lysimachia vulgaris.
— des bois.	— nemorum.
— nummulaire.	— nummularia.
Marguerite grande.	Chrysanthemum leucanthe-
— petite.	Bellis perennis. [mum.
Marrube commun.	Marrubium vulgare.
Mauve sauvage.	Malva sylvestris.
— alcée.	— alcea.
Mélampyre des prés.	Melampyrum pratense.
Mélilot officinal.	Melilotus officinalis.
— houblonné.	— lupulina.
Mélique penchée.	Melica nutans.
— bleue.	, — cœrulea.
Ménianthe, trèfle d'eau.	Menianthes trifoliata.
Menthe sauvage.	Mentha sylvestris.
Menthe pouliot.	Mentha pulegium.
Mercuriale vivace.	Mercurialis perennis.
Millet épars.	Milium effusum.
Millepertuis commun.	Hypericum vulgare.
— carré.	— quadrangulum.
— velu.	— hirsutum.
— élégant.	— pulchrum.
Mouron.	Anagalis.
Muguet de mai.	Convalla majallis.
— anguleux.	— polygonatum.
— multiflore.	— multiflora.
Myosote scorpione.	Myosotis scorpioïdes.
— des marais.	— palustris.
Myrris cerfeuillée.	Myrris chœrophilea.
Narcisse sauvage.	Narcissus pseudonarcissus.
Nard serré.	Nardus stricta.
OEnanthe fistuleuse.	OEnanthe fistulosa.
— à feuilles de pimprenelle	— pimpinelloïdes.
Ophioglosse vulgaire.	Ophioglossum vulgatum.
— ailée.	— pinnatum.
Ophris mouche.	Ophris muscaria.
— à double feuille.	— bifolia.
— nid d'oiseau.	— nidus avis.
Orchis blanc.	Orchis alba.
— bouffon.	— morio.
— mâle.	— mascula.
— militaire.	— militaris.

Orchis à feuilles larges. — Orchis latifolia.
— taché. — — maculata.
Ornithope délicat. — Ornithopus perpusillus.
Origan commun. — Origanum vulgare.
Orge des murs. — Hordeum murinum.
— seglin. — — secalinum.
Orobanche majeure. — Orobanche major.
Orobe printanier. — Orobus vernus.
— tubéreux. — — tuberosus.
Orpin reprise. — Sedum thelephium.
Ortie dioïque. — Urtica dioïca.
Panais sauvage. — Pastinaca sylvestris.
Panic pied de coq. — Panicum crus galli.
Panicaut commun. — Eryngium vulgare.
Passerage à larges feuilles. — Lepidium latifolium.
Patience oseille. — Rumex acetosa.
Paturin des prés. — Poa pratense.
— annuel. — — annua.
— des bois. — — nemoralis.
— aquatique. — — aquatica.
— comprimé. — — compressa.
— à feuilles étroites. — — trivialis.
Pédiculaire des marais. — Pedicularis palustris.
— des bois. — — sylvatica.
Peucédane des prés. — Peucedanum pratense.
Pigamon jaunâtre. — Thalictrum flavum.
— mineur. — — minus.
Phalaride phleoïde. — Phalaris phleoïdes.
— roseau. — — arundinacea.
Phellandre aquatique. — Phellandrium aquaticum.
Pimprenelle officinale. — Pimpinella officinalis.
Pissenlit commun. — Léontodon taraxacum.
— des prés. — — hispidum.
Plantain grand. — Plantago major.
— lancéolé. — — lanceolata.
— moyen. — — media.
Polygala commun. — Polygala vulgaris.
Populage des marais. — Populago palustris.
Potentille argentée. — Potentilla argentea.
Porcelle radiqueuse. — Hypocheris radicata.
Prêle des bois. — Equisetum sylvaticum.
— des champs. — — arvense.
— des marais. — — palustre.
Primevere officinale. — Primula officinalis.

Pulmonaire officinale.	Pulmonaria officinalis.
Renoncule bulbeuse.	Ranonculus bulbosus.
— rampante.	— repens.
— âcre.	— acris.
— scélérate.	— sceleratus.
— blonde.	— auricomus.
— flamme.	— flammula.
Renouée bistorte.	Polygonum bistorta.
— poivre d'eau.	— hydropiper.
— persicaire.	— persicaria.
— fluette.	— pusillum.
— centinode.	— centinodium.
Reseda gaude.	Reseda luteola.
— jaune.	— lutea.
Roseau commun.	Arundo phragmites.
Sabline nerveuse.	Arenaria trinervia.
Sainfoin commun.	Hedysarum onobrychis.
Salicaire commune.	Lythrum salicaria.
Salsifis des prés.	Tragopogon pratense.
Sanicle des boutiques.	Sanicula officinarum.
Saponaire officinale.	Saponaria officinalis.
Sauge des prés.	Salvia pratensis.
Satirion verdâtre.	Satirium viride.
Saxifrage granulée.	Saxifraga granulata.
Scabieuse colombaire.	Scabiosa columbaria.
— succise.	— succisa.
— des champs.	— arvensis.
Scirpe des bois.	Scirpus sylvaticus.
— des marais.	— palustris.
Scorsonère subulée.	Scorsonera angustifolia.
Scrophulaire aquatique.	Scrophularia aquatica.
— noueuse.	— nodosa.
Selin des marais.	Selinum palustre.
— persillé.	— oreoselinum.
Seneçon jacobée.	Senecio jacobea.
— des marais.	— paludosa.
Souchet jaunâtre.	Cyperus flavescens.
— brun.	— fuscus.
Spergule des champs.	Spergula arvensis.
Spirée filipendule.	Spirea filipendula.
— ulmaire.	— ulmaria.
Stellaire graminée.	Stellaria graminea.
Surelle blanche.	Oxalis acetosella.
Thym serpolet.	Thimus serpillum.

Trèfle des prés.	Trifolium pratense.
— folliculeux.	— folliculatum.
— blanc.	— repens.
— jaune.	— precombens.
Tussilage pas d'âne.	Tussilago farfara.
Valeriane officinale.	Valeriana officinalis.
— dioïque.	— palustris.
Véronique officinale.	Veronica officinalis.
— serpoline.	— serpillifolia.
— teucriete.	— teucrium.
— à écusson.	— scutellata.
— cressonnée.	— beccabunga.
— mouronnée.	— anagalis.
Verge d'or commune.	Solidago virga aurea.
Vesce multiflore.	Vicia cracca.
— des buissons.	— dumetorum.
— gessière.	— latyroïdes.
Violette odorante.	Viola adorata.
— des marais.	— palustris.
— sauvage.	— sylvestris.
Viperine vulgaire.	Echium vulgare.
Vulpin des prés.	Alopecurus pratensis.
— genouille.	— geniculatus.
— des champs.	— agrestis.

Division et productions du sol.

La division du sol, d'après la nature de ses productions, a été établie ainsi qu'il suit :

Terres arables....	255,243 hectares	50 pour 0/0.
Cultures diverses..	48,225	10
Pâturages........	67,171 (1)	15
Bois et forêts.....	121,533	23
Vergers et jardins.	10,240	2
Autres surfaces...	15,013	2
Totaux ..	517,425	100

(1) Les prairies naturelles occupent 49 hectares.

Les animaux domestiques qu'on y élève sont :

Têtes de bétail.	99,169	— valeurs	7,426,195 fr.
Troupeaux....	404,903		4,721,089
Chevaux......	57,000		7,423,645
Porcs	53,418		2,490,700

Nombre d'individus 614,490 — valeurs 22,061,629 fr.

Météorologie.

Le climat, généralement froid, est sujet à de brusques variations. Il n'est pas rare d'éprouver dans la même journée une chaleur très-élevée suivie sans transition d'un froid vif. La température moyenne est de 10° 28. Les brouillards, fréquents au printemps et en automne, produisent quelquefois des effets de lumière remarquables. Les vents du nord, du nord-est et du sud-ouest, sont ceux qui soufflent le plus généralement. Dans la zône ardennaise, partie nord du département, ils règnent en tous temps et sont toujours très-impétueux. Les saisons sont pour ainsi dire confondues ; ordinairement le printemps est froid ; l'été, chaud et humide ; l'automne, beau ; l'hiver, froid et pluvieux.

Maladies.

Indépendamment des affections accidentelles, à peu près de même nature partout, les chevaux du département des Ardennes sont plus particulièrement atteints des maladies suivantes : gourmes, souvent malignes, revêtant quelquefois un caractère épizootique (1) ; angines, laryngées et pharyngées ; pleurésies et pneumonies, pleuro-pneumonies, bronchites (2) ; ophthalmie périodique (3) ; gastro-entérites, quelquefois compliquées de pneumonie, de vertige ou tétanos ; faiblesse du tube intestinal, coliques stercorales, indigestions quelquefois suivies de rupture de l'estomac ; vertige abdominal (4) ; catarrhe nasal, morve (5) ; affections de la peau, ébulition, gale, dartres.

---

(1) Il est rare, dans le département des Ardennes, qu'un poulain soit exempt de gourmes.

(2) Denis a remarqué, en 1824, que la pleuro-pneumonie se terminait fréquemment par la claudication d'un membre, jamais de deux à la fois, souvent des quatre successivement ; dès qu'un membre était guéri, un autre devenait malade.

(3) Parmi les causes de la fluxion périodique, Denis signale l'hérédité, l'engrais des prairies artificielles au moyen de matières sulfureuses (cendres noires), ainsi qu'une nourriture insuffisante, et le long séjour dans les pâturages.

(4) Les causes qui déterminent cette affection sont : l'usage d'avoine javelée, donnée immédiatement après la récolte ; foin trop nouveau : travaux au-dessus des forces, surtout au moment de la digestion ; mauvaise habitude de ne faire faire qu'une attelée par jour dont la durée est de 9 à 10 heures ; enfin, l'usage du vert donné en trop grande abondance après la nourriture parcimonieuse de l'hiver.

(5) La morve est assez commune ; le farcin très rare.

CHAPITRE II.

❋

DES CHEVAUX ARDENNAIS ET DES MODIFICATIONS DONT ILS ONT ÉTÉ L'OBJET.

❋

1re SECTION.

Chronologie historique.

Il est bien reconnu que certaines contrées sont plus propres que d'autres à l'élève du cheval, quoique le terrain soit moins fertile.

Le département des Ardennes, agricole et manufacturier, un des plus riches de la France, possède le précieux avantage de réunir les conditions favorables à l'élève de bons chevaux. Doit-il cet avantage à la nature des plantes fourragères qu'il produit, aux qualités occultes qu'elles tirent de la terre, aux différentes combinaisons ou à la configuration du sol, à l'existence des forêts, aux influences météorologiques (électricités , vents), ou à toutes ces causes réunies ? Laissant à d'autres , plus capables , le soin d'élucider cette question complexe , en appréciant les différents moyens que nous venons d'énumérer , nous avons cru devoir nous borner à fixer l'attention sur cet objet important.

Origine.

Le cheval ardennais est-il indigène , et descend-il de ces chevaux sauvages que du temps de Pline on remarquait encore dans tout le nord de l'Europe , ou , accompagnant l'homme partout , est-il venu avec ces peuples du nord de l'Asie qui ont envahi notre territoire ?

Années avant J.-C.

700. Si les chevaux des Ardennes ne sont pas d'origine asiatique , ce qu'il serait cependant permis de croire sans trop de témérité , il est bien établi qu'au VIIe siècle avant Jésus-Christ, les émigrations des peuples sans nombre qui vinrent se croiser et se choquer dans les steppes de la haute Asie , amenèrent dans le nord de la Gaule , notamment dans les Ardennes , ces peuples nomades et guerriers , connus sous la dénomination de Kimris , et que les Scythes chassèrent de l'Asie (1).

Les différents peuples de ces temps reculés , comme

(1) Hérodote.

les Arabes de nos jours, emmenant à leur suite tout ce qu'ils possédaient, principalement les troupeaux et surtout les chevaux, si les Kimris n'ont pas créé la race ardennaise, ils ont dû considérablement augmenter et améliorer la population chevaline de cette partie de la Gaule, en y introduisant les nombreux chevaux asiatiques qu'ils possédaient.

200. Plus tard une catastrophe terrible vint bouleverser la demeure des Kimris et des Teutons quis'étaient établis sur les bords de la Baltique. Par suite d'un tremblement de terre, la mer, sortie de son lit, engloutit une partie du rivage. Epouvantés, ces peuples s'armèrent et se précipitèrent sur le sud-est, non moins impétueux, non moins redoutables que cet océan débordé qui les poussait devant lui (1). Une partie de ce peuple arriva chez les Kimris belges, leurs devanciers dans la Gaule. Là, leur bonne et nombreuse cavalerie vint une seconde fois verser le sang primordial dans les veines des chevaux ardennais ; car on peut raisonnablement supposer que les Kimris de la Baltique remontaient leur cavalerie dans ces landes septentrionales où il faut, peut-être, chercher la souche de toutes les races des chevaux.

Quoi qu'il en soit, les Ardennes possèdent de toute antiquité une race de chevaux qui a constamment joui d'une réputation de supériorité. Les chevaux de cette race, en tous temps recherchés avec empressement, ont justifié partout et toujours leur bonne renommée.

(1) Tite-Live, épitom. liv. xvii.

58. A l'époque déjà bien reculée de l'invasion des Gaules par Jules César , les chevaux des Trévires, entretenus par ce peuple avec le plus grand soin , étaient reconnus les meilleurs parmi ceux que les Gaulois possédaient (1). Le territoire occupé par les Trévires, traversé par la forêt des Ardennes (2), s'étendait depuis les bords du Rhin jusqu'aux frontières des Rémois. Les chevaux qui servaient aux cavaliers si redoutables de cette nation , nés et élevés dans la forêt des Ardennes , étaient bien évidemment des chevaux ardennais.

57. Dans le 1er siècle avant Jésus-Christ , César fit passer dans la Gaule la cavalerie légère numide dont il se servit dans la guerre contre les Belges , en qualité de Vélites (3). Après la défaite des Aduactikes, la cavalerie numide passa ses quartiers d'hiver dans les Ardennes.

Les Romains ayant pu , dans plusieurs combats et pendant leur séjour dans les Ardennes , apprécier la valeur de la cavalerie Tréviroise, s'empressèrent de l'utiliser au succès de leurs armes , dès qu'ils eurent vaincu ce peuple.

20. Sous Valérius et Messala, les Romains levèrent à Trèves un corps nombreux de cavalerie qu'ils disciplinèrent et instruisirent suivant la méthode romaine. Depuis cette époque, les Trévires ont toujours fourni

(1) Jules César , liv. iv.
(2) J. César, liv. iv.
(3) Les Romains nommaient Vélites des cavaliers armés à la légère et destinés surtout pour les escarmouches.

aux Romains de bons chevaux pour la monture et pour le transport des fardeaux.

Années après J.-C.

70. La province narbonnaise, réunie au parti de Vitellius, comptant sur le mérite de la cavalerie des Trévires, lui fit traverser la Gaule pour aller secourir la province menacée. Là, sous le commandement du préfet Julius Classicus, douze escadrons de cavalerie (1), appuyés par l'élite des cohortes, engagèrent immédiatement le combat contre de vieilles troupes.

284. A Yvois, aujourd'hui Carignan, se trouvait à cette époque un préfet qui y commandait une garnison de 500 à 1,000 hommes et quelquefois une légion entière et 500 chevaux fournis par le pays (2). La cavalerie, peu nombreuse chez les premiers Romains, ne comptait que 250 à 300 chevaux pour une légion de 3,000 hommes d'infanterie ; 500 chevaux ne purent faire partie de la légion réunie à Mouzon qu'en raison de la bonté de ceux que l'on se procurait facilement dans ce pays.

440. En 440, Mouzon avait une garnison romaine composée en grande partie de levées faites dans le pays, puisque les soldats qui la composait portaient le nom de Mouzonnais (*Musmagienses*). Ils étaient commandés par un officier du rang des illustres qui avait le titre de maître de la cavalerie des Gaules. *Musma-*

(1) *Duodecim equitum Turmæ,* Tite-Live, hist., liv. II, chap. XIV.
(2) Annales civiles et religieuses d'Yvois-Carignan.

gienses intra gallias cum vi. *Magistro equitum galliarum constituti* (1).

1099. Dans le xie siècle, plusieurs éléments d'amélioration concoururent au perfectionnement de la race ardennaise. Le retour des Croisés en France, après la prise de Jérusalem, introduisirent dans les Ardennes plusieurs chevaux arabes. Il est établi par les dépenses énumérées dans les archives du Mont-Dieu, d'Orval et de St-Hubert, que ces établissements religieux et agricoles entretenaient sur leurs domaines des étalons arabes, dans l'intention de porter les chevaux ardennais au plus haut degré de perfection possible.

1296. Il est fait mention dans une charte de donation aux religieux de l'abbaye d'Orval, par Louis V, comte de Chiny, des francs-hommes d'Yvois dont l'une des charges était d'avoir toujours un cheval équipé en guerre. Le vaste et beau domaine de Blanchampagne appartenait à l'abbaye d'Orval.

1434. Jean de Belrain, en garnison à Yvois pour la comtesse de Luxembourg, repoussa, à la tête de sa cavalerie, l'attaque d'Henry, bâtard d'Avillers. De Belrain eut, dans un seul combat, 80 chevaux de selle tués (2).

1485. Au carrousel qui eut lieu à Liége et où se trouvaient réunis des dignitaires ecclésiastiques les plus éminents, des personnes revêtues des plus hauts titres dans la noblesse laïque, des ducs, des princes, on re-

(1) *Hadri. vales. not. gall.* pag. 564.
(2) Chroniq. de Simon.

marqua, montés sur des chevaux ardennais du premier mérite, les trois frères de **La Marck**, princes sedanais, suivis d'un nombreux et brillant cortége (1).

1502. **Robert II**, souverain de Sedan, marche avec une bonne armée, dont la cavalerie formait la principale force, au secours de l'électeur Palatin. En 1506, il rendit le même service au duc de Gueldre contre le duc de Bourgogne.

1553. **Dans** un état dressé des forces de la France que le roi pouvait fournir en cas de besoin, rapporté par de Villars, dans ses mémoires, Yvois est cotisé pour quarante chevaux légers (2).

1587. **Sous** le règne de Guillaume Robert, la cavalerie sedanaise remporte une victoire complète sur l'armée lorraine, quoique cette dernière eut la supériorité du nombre.

xvie et xviie siècles. Le long séjour des Espagnols en Ardenne, dans les xvie et xviie siècles, fut favorable aux chevaux de ce pays. Les étalons orientaux, que les Espagnols introduisirent dans les Ardennes et qu'ils obtenaient de leur contact avec les Maures, secondèrent très-avantageusement le système améliorateur mis en pratique dans les domaines d'Orval, du Mont-Dieu et de St-Hubert. A cette époque, les chevaux ardennais étaient tellement supérieurs aux chevaux allemands,

(1) Peyran, histoire des princes sedanais.

(2) Les chevaux légers de cette époque peuvent être comparés aux chevaux de dragons et de lanciers de nos jours.

que Turenne, campé en Allemagne, envoya en Ardenne pour la remonte de sa cavalerie.

1793 à 1812. La révolution française, qui a fait une si grande consommation de chevaux qui, en prenant et reproducteurs et produits, a porté le plus rude coup à l'industrie chevaline des Ardennes, a cependant encore permis à l'empire de trouver dans les précieuses ressources de cette contrée des chevaux ayant du fonds, de la vigueur, de l'énergie, de la résistance et de la sobriété, à un degré si remarquable que, dans la campagne de Russie, Napoléon les proclama plus d'une fois infatigables. Certes, si la réputation du cheval ardennais n'eut dès longtemps été faite, c'est durant cette immortelle campagne de Russie qu'il eut reçu ses titres de noblesse.

1836. N'était-ce pas encore des Ardennais, ces remarquables chevaux que le maréchal Sébastiani avait à Londres et qui faisaient l'admiration des Anglais eux-mêmes?

2ᵉ SECTION.

Causes de dégénérescence et moyens employés dans l'intention d'améliorer la race.

Dégénérescence et amélioration sont deux termes de convention appliqués à l'espèce chevaline, d'après l'idée que nous nous formons des qualités que les chevaux doivent posséder au point de vue de notre état de civilisation, de nos besoins et de nos habitudes. Ces

termes ne peuvent donc avoir qu'une signification relative.

Si , comme beaucoup de personnes le croient et
comme il est très-probable, toutes les races de chevaux
doivent être rapportées à un type unique, on doit reconnaître le cheval de la nature dans cette espèce de
chevaux qui se trouve partout à l'état de liberté le plus
complet. On les voit dans les steppes d'Asie et d'Afri-
que , dans les savanes d'Amérique , et même en Europe, dans les landes et les montagnes de presque
toutes les contrées , où ils sont d'une grande utilité
pour une certaine classe d'hommes et pour certains
services spéciaux. Partout ces chevaux présentent une
physionomie presque identique : ils sont petits , sobres,
énergiques, courageux, ils ont du fond , de la vigueur
et une netteté de membres remarquable.

Le cheval qui approche le plus de la perfection n'est
donc pas, tant s'en faut, le cheval de la nature , mais
bien celui qui répond le mieux au but que nous nous
sommes proposé en créant la race à laquelle il appartient. C'est le cheval d'Orient , le Pyrénéen , le Limousin pour la selle ; le Percheron et le Breton pour le trait
aux allures vives ; le Boulonnais pour le trait au pas ;
le beau carrossier Normand pour les voitures de luxe
et la cavalerie de réserve ; l'Anglais pur sang pour les
courses de vitesse, non prolongées ; enfin, ce sera l'Ardennais pour les dragons et les lanciers, si ce département abandonne son mode actuel de reproduction.

Le cheval le plus parfait, le cheval type , le cheval
de race noble ou pur sang arabe , expression des be-

soins du nomade asiatique, est aussi le produit de la civilisation, mais de cette civilisation qui est presque la sauvage nature, *la civilisation arabe.* Ces fiers nomades, peuple aventureux et pillard, comprenant de bonne heure l'importance de posséder des chevaux d'une vigueur et d'une vitesse qui leur permettent de franchir avec promptitude un espace considérable, soit qu'ils veuillent surprendre leur victime ou qu'ils se trouvent forcés de fuir devant des forces supérieures, ont dû, comme ils l'ont fait, prodiguer au cheval des soins de tous les instants ; en un mot, s'occuper de son éducacation. Aussi l'Arabe, jouissant d'un climat et de pâturages privilégiés pour l'élève du cheval, a-t-il apporté, de tous temps, dans le choix des reproducteurs, la plus sérieuse attention. C'est toujours parmi l'élite des plus vigoureux, des plus agiles et des plus purs qu'il les a choisis, et ce choix était justifié par une généalogie établie sur des preuves authentiques. De sorte que le cheval noble d'Orient est le cheval de la nature, perfectionné par lui-même.

L'ancienneté, la bonté des chevaux ardennais ainsi que les différentes influences salutaires météorologiques et géologiques de cette contrée, étant incontestables, il a nécessairement fallu un concours malheureux de circonstances pour faire descendre cette race célèbre au point de dégénération où la plupart de ses membres sont parvenus. Par une fatalité déplorable, aux réquisitions de la république, première cause de ruine, sont venus s'ajouter des systèmes d'amélioration mal élaborés, mal compris, qui ont tellement affaibli le type ardennais qu'il faut aujourd'hui chercher avec soin les bons et véritables descendants de cette antique race que l'on rencontrait communément autrefois.

Le but des réquisitions étant de pourvoir aux besoins pressants de la cavalerie, elles devaient nécessairement enlever, et de préférence, les bons étalons, les plus belles comme les meilleures poulinières, ainsi que les poulains chez qui la taille et le développement du corps avaient devancé l'âge. Forcé d'assurer ses travaux pour garantir sa fortune , le laboureur vendait ses produits d'espérance, qu'il s'empressait de remplacer par d'autres que le manque de taille et le disgracieux des formes mettaient à l'abri de l'impôt républicain. Livrés à la reproduction, ces êtres chétifs donnèrent au cultivateur une sécurité entière, mais aux dépens de la qualité de ses chevaux. Enfin, les besoins incessants de l'empire hâtèrent l'épuisement de la race ardennaise.

Petits, mal faits (1), mal nourris, ces chevaux étaient incapables de satisfaire les exigences d'une exploitation rurale ; l'agriculteur sentit le besoin de les améliorer ou de les régénérer. Abandonné à ses propres ressources, comprenant mal ses intérêts , le laboureur

---

(1) 1 m. 420 à 520 millim., tête carrée, chargée de ganaches, encolure grêle, garrot bas , croupe avalée, queue basse, côtes plates , hanches saillantes, extrémités des membres saines et sèches, mais un peu grêles , jarrets clos , pieds panards ; mais avec cela toujours les qualités caractéristiques de la race : sobriété, patience , résistance au travail, grande liberté des membres. Telle était alors la presque généralité des chevaux ardennais, et tels sont encore aujourd'hui beaucoup d'individus.

employa sans ordre, sans méthode et , le dirai-je, sans intelligence, tout ce qu'il crut propre à lui faire atteindre le but de ses désirs. C'est ainsi que des étalons champenois , picards , flamands , furent employés à la reproduction et donnés à des juments trop jeunes. Des poulains de deux à trois ans, vivant dans les pâturages avec des pouliches du même âge , les fécondèrent. De là l'usure prématurée des pères , le peu de taille et la défectuosité des formes des produits : état qu'aggravaient encore une nourriture insuffisante et un travail excédant la force des sujets.

Le gouvernement , reconnaissant la nécessité de venir en aide à l'agriculture et aux efforts impuissants des éleveurs , plaça des stations d'étalons royaux sur différents points du département , approuva quelques étalons particuliers qu'il subventionna et en autorisa d'autres. Les propriétaires de ces derniers ne recevaient aucune rétribution.

Les étalons royaux ne produisirent , à quelques exceptions près, que des poulains sans distinction et sans valeur. Comment pouvait-il en être autrement? qu'était-on en droit d'espérer d'une opération incohérente, sans point de départ logique , sans but bien compris. Aujourd'hui, c'est un normand que l'on emploie à la reproduction ; l'année suivante , c'est un limousin qui le remplace dans la même contrée ; plus tard , un transilvain et, enfin , un suédois, tous appelés à compléter l'œuvre de ce système perturbateur.

Les étalons approuvés, choisis sous l'influence d'intérêts de différente nature , généralement médiocres , ne satisfirent pas mieux les éleveurs que ne l'avaient fait les étalons royaux.

Repoussé par tous, ce mode dit améliorateur fut remplacé, de 1831 à 1834, par l'introduction des chevaux percherons. Cinquante-deux étalons de cette race, achetés par le département, servirent à la reproduction; bien accueillis par les éleveurs qui n'ont cessé de les regretter, mais mal jugés par l'administration départementale, ces étalons furent abandonnés après une expérience courte et incomplète.

Enfin, mû par une idée heureuse, le département chercha à régulariser l'amélioration des chevaux au moyen d'un système bien pensé, habilement mis en pratique, mais dont le défaut capital est de pécher par la base; en un mot, de n'être pas physiologique.

Dominés par la mode, par l'anglomanie du jour, les hippologues ardennais émirent en principe *que nul pays ne peut relever sa race chevaline, s'il n'emploie à cette œuvre le cheval anglais pris dans ses différents degrés de perfection*. C'est ainsi qu'ils ont avancé d'une manière absolue qu'on n'était en droit d'espérer un succès, qu'à la condition de l'emploi, pour la reproduction, du pur sang, du demi et du quart de sang anglais. Le conseil général adoptant ces principes, que le ministre de l'agriculture protégea, le système d'amélioration dit des anglo-normands fut imposé au pays. Dès 1834, on rejeta les étalons percherons qui furent remplacés par des anglo-normands, que le gouvernement appuya par des stations d'étalons pur sang anglais. Le rejet des étalons percherons qui, partout, avaient donné des résultats encourageants , fut une détermination que l'expérience ne tarda pas d'improuver hautement. Mieux qu'aucun autre, l'étalon percheron pouvait remplir les vues de l'administration départementale , en donnant plus de taille et un plus grand développement de formes aux juments ardennaises, tout en leur conservant les bonnes qualités qui les distinguent.

Préconisés avec ardeur , présentés comme devant fournir des ressources précieuses à la remonte de notre cavalerie et donner conséquemment aux éleveurs des produits que la guerre rechercherait et paierait un bon prix, les étalons anglo-normands furent accueillis avec faveur par plusieurs riches propriétaires qui employèrent leur influence et leur argent à cette œuvre qu'ils croyaient lucrative et nationale.

Une erreur acceptée comme vérité entraîne toujours les plus funestes conséquences. Dans la question qui nous occupe , une expérience de dix années est venue fournir la preuve la plus évidente de l'insuccès. Elle a fait connaître à la grande majorité des éleveurs du département qu'en persistant dans l'application du système anglo-normand , le moins qui puisse arriver c'est une perte d'argent, un dégoût général pour l'amélioration des chevaux, et mieux que cela, la continuation, pour longtemps encore , de cette pénurie si déplorable de .bons chevaux.

Lorsqu'une méthode est bonne en principe , elle l'est aussi dans son application. Les éleveurs, ne consultant que leur intérêt, ont dû rechercher les anglo-normands, en est-il ainsi ? non, assurément, puisque, pour ne citer que ce qui est à notre connaissance , l'arrondissement de Sedan, qui compte 3,640 juments propres à la reproduction, n'en a présenté, l'année dernière, à ces étalons que 123; ce qui fait à peu près neuf par reproducteur. Donc la grande majorité des éleveurs , reconnaissant l'inefficacité du système de reproduction adopté, repousse les étalons fournis par le département. Ceci est la conséquence d'un principe physiologique qui veut, pour que les croisements soient avantageux , que les étalons se trouvent en rapport avec l'espèce à améliorer, non-seulement quant à la taille, aux formes, au tempérament, a l'ancienneté de la race , mais aussi quant aux produits du sol et aux soins qu'ils reçoivent dans le pays, le cheval arabe seul fait exception.

Nous l'avons déjà dit dans notre cours d'hippologie. Les métis ont d'autant moins d'aptitude à améliorer une race que cette race est plus ancienne et qu'ils s'en éloignent davantage , tant sous le rapport des formes que sous celui des qualités. Une race ne transmet ses caractères à un autre, d'une manière durable, qu'autant qu'elle est plus ancienne que celle dans laquelle on l'introduit.

Il est important de diriger le croisement d'une manière rationelle : bien appliqué il produit d'heureux résultats ; employé sans principes physiologiques , au lieu d'améliorer il détruit les bonnes qualités de la race que l'on voulait rendre meilleure ; il remplace quelques-uns de ses défauts par d'autres plus graves encore. Les caractères qui distinguent les races deviennent d'autant plus constants , d'autant plus difficiles à faire disparaître par de nouvelles influences , que la race s'est conservée la même pendant une longue suite de générations. Ces caractères de race se perdent au contraire d'autant plus vite, d'autant plus facilement, que la race est moins ancienne. Les métis anglo-normands d'une origine trop nouvelle et d'un tempérament différent à celui des chevaux de l'antique race ardennaise, sont inaptes à changer cette race en des produits meilleurs. Ces métis important dans les Ardennes avec le sang normand , bien inférieur au sang ardennais, une structure s'harmonisant peu avec celle de la race à améliorer , il ne peut résulter d'un semblable accouplement qu'une perturbation , dont le moindre inconvénient sera la perte du temps , puisque les métis anglo-normands , trop nouveaux, mal assortis , étant incapables d'influencer la race ardennaise, le peu de sang anglais qu'ils pourront introduire s'effacera avec une rapidité égale au peu d'ancienneté des propagateurs ; il ne restera donc que des individus décousus et sans énergie.

La nature a des lois générales qui gouvernent la production de tous les êtres ; les animaux domestiques, comme tous les autres, les subissent. Si l'homme veut contrarier ces lois , il établira avec la nature une lutte dont il ne pourra triompher qu'à force de travail, de temps et d'argent. C'est ce qui est arrivé en Angleterre. En marchant avec la nature, au contraire, il y a avantage assuré, puisque le succès prompt et soutenu est à cette condition. Mais là se trouve la plus grande difficulté à surmonter. Je veux parler de l'appréciation judicieuse, non-seulement du mérite des étalons, mais encore et principalement de leur aptitude à améliorer la race avec laquelle on veut les croiser. C'est ainsi que le département des Ardennes, quoique animé assurément de bonnes intentions, et conseillé par des hommes instruits, n'a pu voir réaliser ses espérances. Il aurait dû employer, non, comme il l'a fait, le pur sang anglais et l'anglo-normand, mais les reproducteurs présentant les plus grands rapports de similitude avec la race de ce pays. Si les chevaux, même de noble race, perdent de leurs qualités en changeant de contrée, que doit-on penser d'améliorations chez lesquels le sang normand coule en abondance? Nécessairement ils subiront les conséquences de toutes les influences qui les entourent, puisqu'ils ne sont pas doués d'une constitution assez heureusement organisée pour résister à une pareille lutte.

Les reproducteurs anglais sont aujourd'hui en complète défaveur en Allemagne; plusieurs hippiatres distingués ont fait la remarque que plus on s'est appliqué à généraliser l'emploi du pur sang anglais en Allemagne, particulièrement dans le Hanôvre et le Meklembourg, plus aussi on a vu décliner et dégénérer la race chevaline sous le rapport de la qualité et de la quantité.

Le Hanôvre qui, il y a vingt ans encore, fournissait bon nombre de chevaux à l'étranger, est réduit aujourd'hui, grâce au pur sang anglais, à en acheter à ses voisins!.. Aussi le roi a-t-il donné récemment des ordres à cet égard , et il paraît qu'on va voir enfin le *cheval anglais* exclu d'Allemagne *comme reproducteur.*

La furia francese est également passée ; le congrès central d'agriculture vient de demander un crédit spécial pour l'achat direct, en Orient, d'étalons propres à l'amélioration des races.

La réaction qui s'opère aujourd'hui dans les Ardennes était donc inévitable et on ne doit pas être surpris de voir MM. Parpaite, Wacquant, Bodson, Laffineur , etc., tous hommes pratiques et d'expérience, produire de nombreux faits spéciaux en parfaite concordance avec les indications générales de la science (1). Ces agriculteurs-éleveurs, influencés par les éloges prodigués aux étalons anglo-normands , cédant à l'engouement-presque général pour ces reproducteurs , craignant d'ailleurs, en rejetant ce système , si chaleureureusement prôné , de nuire à l'intérêt du pays ainsi qu'au leur propre, l'adoptèrent et en firent une application immédiate ; plusieurs d'entr'eux la firent même sur une vaste échelle.

M. Parpaite père , se livrant sans réserve à tous les essais qui ont pour but le progrès de l'agriculture, se décida, dès la première remonte des anglo-normands , à prendre chez lui l'Impérieux *auquel il livra, pendant six ans, de belles et bonnes juments.* Il en obtint, dans ce laps de temps , 18 à 20 poulains , et c'est à grande peine qu'il est parvenu à en vendre deux pour le dépôt de remonte de Villers-devant-Mézières. Tout le

(1) Voir l'*Ardennais*, nos des 2, 4, 6, 9, 11, 13, 15, 18 et 20 février ; 4, 6 et 9 mars; 14 et 17 mai 1845.

reste est demeuré invendu. Ne pouvant à aucun prix se défaire des produits issus d'anglo-normands, force lui fut d'y renoncer, après avoir dépensé 22,000 fr., sans autre compensation que la modeste recette de 1200 fr. payés par le dépôt de Villers.

M. Victor Wacquant et M. le comte de Clermont-Tonnerre, dans l'exploitation du vaste domaine de Blanchampagne, se sont tout particulièrement occupés de la reproduction et de l'élève des chevaux. Ils n'ont, dans ce but, reculé devant aucun sacrifice. Ils avaient d'excellentes juments ardennaises et autres (1); leur écurie en était presque exclusivement peuplée. Un convoi arriva, MM. Wacquant et de Clermont-Tonnerre prirent deux de ces étalons pour la saillie, tant de leurs nombreuses et belles juments, que de celles des fermiers de M. le marquis de Clermont-Tonnerre. L'un était *le Talma*, magnifique carrossier, dont ils poussèrent le prix aux enchères jusqu'à 1150 fr.; l'autre, le *Vampire*, qui promettait aussi de bons produits, et dont le prix fut de 600 fr. Les premiers essais n'ayant rien donné de satisfaisant, ils ont acheté à grands frais des juments boulonnaises. Qu'en ont-ils obtenu? Après huit années d'essais persévérants, après n'avoir rien négligé pour obtenir un bon résultat, ils ont, de guerre lasse, renoncé à ce mode de reproduction, après une dépense en pure perte de plus de 30,000 francs.

M. Bodson, après un essai infructueux, se trouve

(1) Au printemps de 1844, un marchand de chevaux offrait à M. Wacquant 4,000 fr. pour choisir quatre de ses jumens.

heureux de la perte d'une belle et bonne jument, fécondée par un étalon anglo-normand, morte, ainsi que son poulain, par suite d'une parturition pénible. Cette perte me parut un succès, dit M. Bodson; plus heureux que MM. Parpaite et Wacquant, je fus tout à la fois débarrassé de la mère et du produit, et surtout guéri de la manie anglo-normande.

Enfin, pour ne plus citer qu'un seul fait pris parmi ce concert de plaintes que les cultivateurs ardennais ne cessent de faire entendre, M. Ponsignon et avant lui son père, avaient toujours possédé une écurie renommée pour la fourniture de bons chevaux ardennais. « De tout temps, dit M. Ponsignon, j'ai vu les ama-
» teurs s'approvisionner chez nous de ces sortes de
» chevaux (ardennais); j'ai vendu les deux derniers
» 1,320 fr. à M. Choppin d'Arnouville, alors préfet
» des Ardennes. A cette époque, cédant aux instances
» de M. Poulet, j'ai abandonné nos anciens errements
» pour prendre l'étalon anglo-normand *Pégase*, qui
» m'a donné onze poulains. Aucun de ces produits n'a
» réussi, quelques soins que j'aie pris. J'en ai pu ven-
» dre un seul, et encore au modique prix de 350 fr., à
» M. Jacquart, d'Omicourt. En vain ai-je promené les
» autres au dépôt de remonte de Villers et ailleurs,
» pas un seul n'a été jugé propre à un bon service (1). »

Il faut donc le reconnaître, une plus longue résistance serait une faute considérable. Les étalons anglo-normands ne se trouvent pas dans des conditions

(1) Journal l'*Ardennais* du 9 mars 1845.

favorables au but que le département s'est proposé en les adoptant. Le système d'amélioration basé sur ces métis doit être abandonné. Dailleurs , ce système est déjà rejeté de fait , puisque la plupart des cultivateurs qui ont amené des juments à ces reproducteurs n'y reviennent plus et que , cette année , le placement des cinq étalons, achetés comme d'habitude en Normandie, a été tellement difficile que non-seulement on a dû les donner à titre purement gratuit , mais , même à cette condition, si peu de cultivateurs en ont demandé, qu'on s'est vu dans l'obligation de renoncer à la plus importante des prérogatives du donateur, celle de choisir les détenteurs , afin de placer les étalons dans les meilleures conditions possibles. Tels sont les succès, tel est le crédit des étalons anglo-normands dans les Ardennes.

De tous ces modes, je ne dirai pas d'amélioration mais de production qui se se sont succédés et qui ont suivi les causes d'affaiblissement produites par l'urgence des besoins de la république et de l'empire, il est résulté : 1° la disparition presque totale de la race ardennaise, qui n'est plus représentée que par quelques descendants protégés par des circonstances heureuses , contre ces différens moyens d'action destructive ; 2° une perte de temps ; 3° une perte considérable d'argent; 4° enfin, une population chevaline hétérogène , composée d'individus de toute provenance. Ces chevaux, qui ont pris la place de l'ancienne race ardennaise, mais qui ne peuvent en aucune façon la remplacer , offrent peu de ressources pour l'armée et n'en présentent aucune pour le luxe. Ce n'est pas la pénurie des chevaux qui, dans le département des Ardennes , constitue l'insuffisance des chevaux propres aux remontes et au luxe , c'est leur infériorité actuelle caractérisée par le défaut de taille et un ensemble de formes peu convenables, puisque cette contrée fait partie des treize départements de la France les plus riches en chevaux. On peut , assurément , considérer la fausse direction des moyens de production , comme une des principales causes de cette dégénération. *Métisation par métis ne constitue pas race , mais confusion et anéantissement de race.* Les étalons anglo-normands et même les anglais *pur sang* ont-ils produit autre chose dans le pays qui nous occupe ici ? Et pour un cheval beau et bon, combien d'autres qui ne conviennent à aucun service et embarrassent les cultivateurs !

CHAPITRE III.

❀

DE CE QU'IL FAUT FAIRE POUR RÉGÉNÉRER ET
AMÉLIORER LA RACE ARDENNAISE.

❀

Des Etalons.

Il est bien démontré que le cheval forme un type unique, et que les différentes races ne s'établissent que sous l'influence de la nourriture, du climat, de l'éducation, etc. Il est également hors de doute que les lieux dans lesquels il naît, vit et se développe, exercent une action profonde sur la constitution fondamentale. Les races sont donc inhérentes au pays qui les produit. Puisqu'il en est ainsi, il faut admettre que le département des Ardennes, qui, depuis un temps immémorial, jouit de la réputation de produire de bons chevaux, est assez favorisé par la nature et qu'il est en possession d'éléments favorables à l'espèce chevaline. Cela établi, et puisque la race ardennaise a dégénéré sous l'action de l'homme, il faut bien reconnaître que plusieurs erreurs se sont succédées et que nous devons agir sur d'autres bases.

Le moyen est simple, il s'agit uniquement d'aider la nature et non de la contrarier dans ses œuvres qui tendent à gratifier le pays de bons chevaux. Ce pays a toujours produit de bons chevaux tant qu'on a eu pour eux des soins intelligents et qu'on n'a fait intervenir dans les croisements que les étalons d'Orient, dont ils descendent, ou ceux du Perche qui sont de même origine.

C'est une déplorable erreur que celle qui fait croire que les chevaux français manquent de sang (1) et que nous devons employer ceux d'Angleterre pour améliorer les nôtres. Lorsqu'une race, comme celle des Ardennes, et d'autres encore en France, possèdent à un degré éminent la force, la rusticité, l'agilité, la souplesse, la franchise des allures, la résistance au travail, le courage et la longévité, n'est-il pas évident que cette race est pleine de sang, puisque, pour parler le langage à la mode, le sang peut seul avoir produit ces qualités précieuses ? L'origine de cette race, d'ailleurs, ne constate-t-elle pas cette assertion. L'influence de l'éducation, des mélanges, de la nourriture peut bien modifier plus ou moins profondément les caractè-

(1) Les Anglais expriment par le mot *sang*, ce qu'en France on appelle *race* et en Allemagne *noblesse* ; c'est-à-dire les chevaux qui, par leurs précieuses qualités, se rapprochent le plus du cheval arabe.

res physiques d'une race, mais les caractères moraux résistent et ne se laissent jamais effacer entièrement.

De 1831 à 1834, les étalons percherons employés dans les Ardennes ont, à la connaissance de tout le monde, relevé la taille et donné de l'ampleur au corps des chevaux ardennais à tel point que les éleveurs les vendaient facilement à l'âge de trois à cinq ans au prix de cinq à huit cents francs. Si le département des Ardennes avait conservé les étalons percherons, comme reproducteurs, depuis dix ans, ainsi que l'ont fait pour leur propre compte quelques propriétaires de l'arrondissement de Sedan, son industrie chevaline serait aujourd'hui florissante. Une supposition fort admissible, assurément, est celle qui établirait que l'on eut pu avoir, chaque année, cinq poulains par commune (1). Or, pour tout le département, cela donnerait, pour dix ans, à raison de 2,930 poulains par an, un total de 23,900 produits qui, en ne les évaluant en moyenne qu'à 500 fr. l'un, représenteraient un accroissement de richesse de 11,950 mille fr.

Dans notre état social, l'amélioration chevaline n'a qu'un mobile possible, l'intérêt de l'éleveur. Sous ce rapport, on est bien forcé d'en convenir, le système anglo-normand n'a pas été heureux. Offrez à l'éleveur un mode qui présente des avantages certains, et celui-ci se prêtera à toutes les combinaisons qui pourront le lui assurer. Ce mode d'amélioration, l'expérience des cultivateurs ardennais et l'histoire du pays nous

(1) Le département des Ardennes comprend 478 communes.

l'indiquent, le voici : employer à la reproduction 1° le cheval percheron ; 2° le cheval ardennais de race pure; 3° le cheval d'Orient. Avec ces reproducteurs et des juments saines et bonnes, on est assuré de former une race de chevaux de service forts et légers , propres au labour , aux postes , à la remonte des dragons et des lanciers ; enfin une race qui appartiendra au pays par son organisation et la faculté de se reproduire sans dégénérer.

Il ne peut y avoir de succès durable en amélioration chevaline qu'à la condition qu'on emploiera dés reproducteurs qni ont les plus grands rapports de similitude avec l'espèce de chevaux que produit le pays qui est l'objet de l'amélioration cherchée. La nature façonnant toujours les sujets suivant les conditions variées du climat qu'ils habitent ainsi que de la qualité des aliments que le sol fournit, c'est une grave erreur que d'imaginer que l'importation de tel ou tel type reproducteur (l'étalon arabe excepté) doive donner tel résultat en tout lieu , et sous toutes les conditions. C'est à une pareille croyance que nous devons la déplorable introduction des étalons anglais et anglo-normands dans les Ardennes où ils se sont trouvés environnés de causes défavorables et incessamment agissantes , puisqu'ils avaient à lutter contre l'influence des lieux pour lesquels ils ne sont pas faits.

Nous conseillons le cheval percheron parce que , dans notre intime conviction, son rappel dans le département est indispensable. Mais que les partisans des anglo-normands se rassurent, nous connaissons les besoins de notre époque et pas plus qu'eux nous ne désirons des étalons communs , propres uniquement à la propagation du cheval de gros trait. Ce que nous voulons, ce sont des chevaux propres à remonter l'arme de dragons , c'est-à-dire des chevaux étoffés , bien membrés , de la taille d'un mètre 545 milli. (9 pouces) au moins , d'une corpulence qui les rende propres en même temps aux différents services du trait léger , de l'agriculture , des voitures bourgeoises, des postes, etc. Enfin des chevaux forts, et agiles, que l'on est convenu d'appeler à deux fins. C'est ainsi qu'il nous les faut, maintenant que de belles routes, parfaitement entretenues , traversent la France en tous sens , et qu'on ne monte plus guère à cheval que dans la cavalerie. De cette manière l'armée se trouvant dans une sécurité parfaite pour ses remontes de la cavalerie de ligne , entrera pour sa part de consommation , sans que les éleveurs aient à se préoccuper du placement de leurs produits , qui , étant tous des *chevaux du commerce* , pourront être vendus indifféremment à la guerre ou ailleurs , puisque , aujourd'hui , l'intérêt est le levier puissant qui fait mouvoir la société. Faisons des chevaux moins élégants mais plus solides , qui puissent rendre des services aux cultivateurs et remonter l'armée de bons chevaux. La guerre ne demande et n'a pas non plus besoin que l'on fabrique pour elle une spécialité de chevaux fins, minces et irritables ; ce qu'il faut à la guerre, ce sont de bons chevaux , bien constitués , souples , légers et énergiques ; ces chevaux conviennent à tous les services. Il ne faut pas des chevaux de gros trait dans les Ardennes; cette spécialité n'est pas d'un long avenir; les chemins de fer l'anéantiront ou en restreindront considérablement l'usage. Il ne faut pas non plus des chevaux de selle trop fins; la Navarre, le Limousin, l'Auvergne, la Gascogne, l'Algérie doivent nous fournir les chevaux pour la cavalerie légère. Aux Ardennes est donc réservée la mission de créer une race spéciale de chevaux dits à deux fins, parmi lesquels se trouveront les chevaux de dragons et de lanciers; c'est dans cette intention que nous réclamons des étalons *percherons* avec les caractères suivants : tempérament sanguin, taille d'un mètre 520 à 550 millim., tête carrée, légère, peu chargée de ganaches, yeux bien ouverts et expressifs, encolure modérément fournie, garrot élevé, épaules inclinées, peu chargées; crins aussi fins que possible, membres bien proportionnés et bien d'aplomb, pieds bien faits et bonne corne. Ces étalons, par la similitude de leur diosyncrasie (manière d'être) avec la race ardennaise, donneront aux juments de cette race du gros, de la taille et une conformation plus heureuse que celle qu'elles présentent.

Nous demandons l'étalon *ardennais* parce qu'il se trouve dans les conditions les plus favorables à l'amélioration d'une race par elle-même. Les chevaux ardennais possèdent un sang assez riche et sont d'une ancienneté assez grande pour payer très-avantageusement l'éleveur des soins dont ils seront l'objet. Je n'ignore pas que les prôneurs du système anglo-normand prétendent que le véritable cheval ardennais est introuvable, qu'il n'existe plus. Mais, contrairement à leur opinion, j'affirme qu'il existe encore; soit dans le département même, soit dans la Belgique, dans les environs de Neufchâteau. C'est même un de ces précieux débris, descendant des chevaux de l'abbaye d'Orval, qui m'a fourni le portrait suivant : un mètre 520 milli., tête carrée et bien attachée, œil vif, regard doux, physionomie intelligente et expressive, crinière longue et soyeuse, encolure bien sortie, garrot modérément élevé; côtes arrondies; reins courts, hanches peu saillantes, croupe plutôt horizontale qu'inclinée, queue bien attachée, épaules très-libres et suffisamment inclinées, jarrets larges, articulations bien prononcées, extrémités inférieures des membres sèches et dépourvues de longs poils, bonne corne, aplombs réguliers ; avec cela toutes les qualités inhérentes aux chevaux de race ardennaise.

Le 15 février dernier, malgré une épaisseur considérable de neige sur toutes les routes, on a pu voir, réunis à Neufchâteau, dix étalons ardennais de choix, pour l'obtention de deux primes provinciales : la première de 400 fr., et la deuxième de 200 fr., accompagnées chacune d'une médaille en vermeil de la valeur de 80 fr. Ces étalons, de l'âge de 4 à 5 ans, qui possédaient de la vigueur, des aplombs et une belle conformation ont acquis, par de bons soins et une nourriture substantielle, de l'étoffe et surtout de la taille.

Il conviendrait donc que le département se servît des étalons ardennais comme point de départ, pour arriver à la régénération de cette race. L'achat des étalons dans le pays serait déjà, par lui-même, un agent bien puissant pour l'élevage. Il est dans les lois de la nature que les animaux qui présentent une aptitude à une utilité bien comprise, s'améliorent par eux-mêmes, par le seul fait d'accouplements judicieux, d'une nourriture abondante et saine, et d'un travail toujours en rapport avec l'âge et la force des sujets. La taille peut s'élever et le corps prendre du développement sous l'influence d'une bonne alimentation et il appartient à l'industrie agricole d'améliorer ses produits. Ce résultat peut être obtenu facilement et à peu de frais ; c'est là un point qui n'est pas sans importance. Les travaux agricoles se faisant, dans les Ardennes, par les chevaux, les frais de nourriture se trouveront payés par le travail : cette circonstance, concourant avec les conditions climatériques et géologiques dont les Ardennes sont favorisées, sous le rapport de l'élève du cheval, les résultats doivent être certains. Dans tous les cas, ils seront plus dégagés de chances imprévues que ceux de tout autre mode d'amélioration.

L'éducation donnée à nos chevaux indigènes contribuerait puissamment à combattre la concurrence étrangère. Il y a plusieurs manières d'améliorer et une seule bonne, celle que la logique gouverne. Encourageons donc la régénération de l'antique et précieuse race ardennaise, il en est temps encore; plus tard, si on n'y prend garde, elle aura entièrement disparu.

Lorsque les Anglais, comptant pour fort peu de chose les influences locales, ont établi en principe que l'on pouvait tout obtenir du croisement, ils ont basé

leur système d'amélioration sur un axiôme complètement faux. Pour s'en convaincre, il suffit d'examiner
les faits qui se produisent tous les jours autour de
nous. Les animaux et les végétaux de la Hollande et
de la Belgique ressemblent-ils, par leur aspect physique et les qualités qu'ils possèdent, aux mêmes genres
d'êtres fournis par l'Espagne? Pourquoi le nord de la
France ne nous donne-t-il pas du vin? Comment ex-
pliquer ce développement de formes, cette abondance
de tissu cellulaire qui caractérisent les chevaux des pays
froids et humides, tandis qu'il en est tout autrement
pour les chevaux des contrées chaudes et sèches?

Il faut étudier tout ce qui convient à une localité,
selon les indications fournies par son climat, la nature
des aliments qu'elle produit, et la race de chevaux
qu'elle possède, surtout lorsque cette race satisfait aux
besoins de l'époque. Si les chevaux sont parvenus à un
état de dégénérescence tel, qu'ils ne présentent plus
que les éléments constitutifs de leur ancienne souche,
on doit s'emparer de ces éléments et les faire servir de
fondement à la reconstruction de l'antique édifice.
Agir autrement c'est commettre une erreur ; persévérer
dans cette erreur, c'est vouloir imposer sa volonté et la
mettre à la place de la raison. Demander l'amélioration
de la race ardennaise aux étalons anglo-normands,
c'est chercher le moyen d'obtenir du vin de Surène, en
introduisant un vin fade et mélangé dans de bon vin
de Bordeaux.

Personne n'a plus que nous la conviction des bonnes
intentions et du zèle qui animent messieurs les mem-

bres du conseil-général. S'ils se sont trompés, c'est de bonne foi, et on doit leur savoir gré des efforts tentés et du bien qu'ils voulaient faire. D'ailleurs, la décision rendue à la dernière session et en vertu de laquelle on doit employer désormais et de préférence, pour la re-production, les étalons nés et élevés dans les Ardennes, n'est-elle pas un hommage rendu à la race de ce pays, et la consécration des principes dont nous venons de parler ?

On est donc en droit d'espérer un avenir meilleur lorsqu'on voit des hommes éclairés, qui recherchent la vérité, reconnaître que les éléments qui concourent à la formation des races ont une puissance d'action qui, malgré les errements des hommes, conserve aux con-trées une merveilleuse aptitude pour une organisation donnée, morale et physique des êtres. Dans les con-trées favorisées, les qualités précieuses des chevaux élevés dans des conditions les plus rapprochées de la nature se révèlent comme pour protester contre les efforts impuissants de l'homme qui ne suit pas les in-dications climatériques et territoriales de la localité.

Les Arabes, nos maîtres dans l'art de porter une bonne race au plus haut degré de perfection qu'elle puisse atteindre, ont-ils introduit des races étrangères dans leur pays pour les croiser avec celle qu'ils possèdent depuis des siècles? Non; ils ont au contraire un grand soin de préserver leurs chevaux de tout contact hétérogène, et ce n'est qu'en alliant, *toujours entr'eux*, les plus nobles, qu'ils sont parvenus à les porter à ce degré de perfec-tion que nous leur reconnaissons.

Pourquoi la race juive , vivant au milieu de populations qui lui sont étrangères, a-t-elle pu suffisamment résister aux diverses influences résultant du contact des mœurs , des usages des diverses nations qui les entourent ? Pourquoi reconnaît-on en elle ce cachet originel qui lui est propre et qui permet, encore aujourd'hui , de distinguer un individu de cette religion , au milieu d'un groupe d'hommes d'une origine différente ? N'est-ce pas parce que la race juive s'est conservée pure de tout croisement ? et si les caractères physiques primitifs de cette nation, qui compte des siècles d'existence, se sont un peu affaiblis, n'est-ce pas uniquement aux influences climatériques des différentes contrées qu'ils habitent qu'on doit l'attribuer.

La chronologie historique des chevaux ardennais établit d'une manière indubitable que cette race a pu conserver les précieuses qualités qui la distinguent et qu'elle doit à son origine asiatique ainsi qu'a l'action des milieux où elle se trouve placée , tant qu'elle a été préservée du contact des races européennes. Les guerres ont bien pu l'affaiblir, mais sa dégénérescence ne date que du moment où on fut assez mal inspiré pour la croiser, sans raison, avec des étalons limousins, transylvains, suédois, normands ou anglo-normands.

Les avantages de l'amélioration de la race ardennaise par elle-même ou par des étalons qui aient avec cette race de grands rapports de similitude étant incontestables , on doit repousser avec persévérance tous les éléments étrangers à ces principes fondamentaux.

Cependant pour bien que soit bonne l'espèce chevaline que l'on possède, on doit, de temps à autre, la retremper avec du sang oriental. Aux chevaux arabes et persans appartient le privilége d'améliorer les races de toutes les contrées de l'Europe. Bien plus, on obtient avec les croisements de pur sang des modifications telles dans les races, que l'on peut arriver à former des espèces nouvelles, supérieures aux races primitives. Ayez donc aussi des étalons *orientaux* : ces précieux animaux semblent créés pour gratifier tous les pays du bénéfice offert par la possession du véritable bon cheval. Je ne me dissimule cependant pas le peu de sympathie que les étalons arabes pourront rencontrer chez quelques cultivateurs qui ne les trouvent pas suffisamment gros et grands. Ces agriculteurs ne comprennent pas bien la part d'influence que les fortes et grandes juments apportent dans le phénomène de la génération, pas plus que l'action d'une amélioration saine et copieuse sur le développement des poulains. Dans ce cas, achetez et employez des chevaux turkomans que nous n'avons pas hésité, dans notre cours d'hippologie, à proclamer les plus beaux et les meilleurs chevaux du monde. Ces précieux animaux sont d'une race bien plus grande et plus forte que les chevaux arabes ; plus hauts que les chevaux de selle anglais, admirablement bien proportionnés, ils ressemblent à de grands chevaux normands, avec cette différence pourtant, qu'ils ont les membres plus forts et plus musclés, la tête plus légère.

La belle race turkomane, qui porte le nom d'argamak, a la robe tigrée ou bai brun, la taille d'un mètre

55 à 70 centimètres, la tête légère, les membres bien musclés, supérieurement; les articulations bien prononcées, les canons larges et présentant les tendons distants et larges; l'œil bien ouvert, ardent, fier et doux; la crinière longue et soyeuse. Ces chevaux, quoique forts et robustes, réunissent à l'élégance des formes la souplesse du cheval arabe, et une grande résistance à toutes les fatigues.

Dans l'état actuel de nos besoins, les reproducteurs turkomans sont préférables aux arabes, car à la première génération leurs produits ont plus de taille.

Il résulte évidemment de ce qui vient d'être dit dans ce chapitre et dans celui qui précède :

1° Que les étalons anglo-normands ne se trouvant pas dans des conditions favorables au but que le département s'est proposé en les adoptant, le système d'amélioration basé sur ces métis doit être abandonné;

2• Que les étalons percherons, bien choisis, présentant en leur qualité de pur sang d'ancienne et bonne race française une similitude de tempérament avec les chevaux ardennais, et, de plus, une taille et un ensemble de formes plus avantageux, doivent être introduits dans le département comme améliorateurs ;

3° Que l'antique race ardennaise étant encore représentée par quelques descendants, les mieux établis et les plus grands parmi ces débris d'une race célèbre, doit être recherchée avec soin et employée, par des accouplements judicieux, à la régénération de cette noble race, qu'un concours malheureux de circonstances a presque fait disparaître;

4° Enfin, que le sang oriental, jouissant seul du privilége d'améliorer toutes les races d'Europe , doit être l'objet d'une préférence , principalement la race turkomane, en raison de sa plus grande taille.

Des Juments.

Les juments exerçant dans l'acte de la génération une part d'influence importante , non-seulement quant à la taille et à l'ampleur des formes, mais encore quant à la régularité de conformation , à la constitution de la tête, à la disposition de l'œil ainsi qu'à l'expression générale de la physionomie , le cultivateur doit comprendre quel intérêt il y a pour lui à ne pas négliger ces conditions dans le choix qu'il devra faire de ses poulinières.

La tête, expression de l'intelligence , devra être légère , plutôt courte que longue , avoir le front large, l'arcade orbitaire bien ouverte , les yeux suffisamment grands , vifs , le regard doux; la taille sera élevée , la croupe large, le ventre , modérément ample. Chez une jument dont le bassin est étroit, le fœtus se développe mal. L'expérience a déjà prouvé qu'en employant de forts et grands étalons et de petites juments on n'obtient que des extraits à poitrine étroite, à jambes longues , à large ossature, dont on ne peut retirer aucun bon service. L'appareillement n'est en général suivi de grands succès que dans le cas où les femelles sont , à l'égard des mâles, d'une ampleur relative plus grande qu'elles ne le sont ordinairement.

Ceci s'applique principalement aux croisements avec des chevaux européens de races différentes. Nous n'entendons pas dire qu'entre les étalons et les juments, appartenant au sol ardennais, il doive nécessairement exister une différence de taille et d'ampleur en faveur de la jument, cela n'est pas dans la nature; dans toutes les espèces d'animaux, les mâles possèdent des proportions plus avantageuses que les femelles ; cette différence de développement et d'énergie a pour but la conservation des animaux.

Nous voulons parler de ces massifs étalons belges, des volumineux boulonnais donnés pour des percherons et même des forts et grands anglo-normands que l'on fait servir à la saillie de petites juments. Ce sont là , en outre, des antipathies de tempérament , des accouplements que la physiologie réprouve et qui ne peuvent donner que des résultats fâcheux ou peu satisfaisants.

L'âge n'est jamais une chose indifférente; c'est à quatre ans que les juments ardennaises conviennent à la reproduction, parce que c'est alors seulement qu'elles ont acquis leur complet développement. Une jument trop jeune, non-seulement ne possède pas un développement suffisant des organes de la génération , mais, fécondée en cet état, elle ne peut employer au profit de l'accroissement complet de son organisation les parties assimilables des aliments qui lui sont donnés, puisque ces principes assimilables doivent servir en même temps à la formation et au développement du fœtus que

la mère porte dans son sein. L'une et l'autre souffrent
de ce partage ; la mère reste inachevée et le petit naît
faible et débile. On ne doit donc jamais permettre l'accouplement d'animaux trop jeunes par la raison, comme
nous venons de le démontrer, que ces animaux, n'ayant
pas acquis eux-mêmes tout le développement et l'énergie dont ils sont susceptibles, ne sont pas aptes à pro-
créer des descendants suffisamment vigoureux.

Les arrondissements de Vouziers et de Rethel sont
ceux qui, aujourd'hui, possèdent les meilleures poulinières et en possèdent le plus. Les trois autres arrondissements, moins bien partagés, sous ce rapport, ont
aussi quelques bonnes et fortes poulinières ; mais le
reste est de petite taille. La plupart des unes et des
autres laisse à désirer sous le rapport de la régularité
des formes et des aplombs. C'est en raison de cette di-
versité de taille, de développement et de distinction, que
nous conseillons l'emploi simultané d'étalons percherons,
ardennais et arabes. Pour la même raison, il serait
utile de catégoriser toutes les juments ; ce qui deviendra
facile si, comme le congrès central vient d'en exprimer
le vœu, on établit dans chaque localité un état civil de
tous les chevaux de la commune. De cette manière, on
pourra donner à l'étalon oriental les juments grandes,
belles et fortes ; au percheron les juments petites et
communes pour en obtenir des produits d'une taille
plus élevée et des formes plus amples ; enfin à l'étalon
ardennais de pure race, bien choisi, les juments d'élite
de cette même race.

Le conseil que nous donnons de faire servir à la

monte des juments petites et communes, l'étalon percheron beaucoup plus grand et beaucoup plus fort que
ces juments, pourrait paraître contraire aux principes
physiologiques que nous venons d'émettre, page 58;
mais si nous donnons ce conseil, c'est que nous savons
que les chevaux percherons, bretons et ardennais sont
de même origine, et qu'il y a entre ces trois races con-
formité de tempérament et de qualité. L'expérience,
en outre, corrobore notre opinion; elle nous apprend
que l'on obtient, dans les Ardennes, avec ce croisement,
en apparence illogique, et dès la première génération,
des chevaux d'un très-bon service pour l'agriculture;
les produits de la seconde génération sont déjà d'une
conformation très-satisfaisante. D'ailleurs, ces sortes
de croisements sont une nécessité résultant de l'état des
choses dans les Ardennes, et le seul moyen à employer
pour faire disparaître tous ces petits chevaux chétifs
et dégradés, qui annoncent l'indifférence et le laisser-
aller les plus complets. Comme un bon cheval ne coûte
pas plus à nourrir qu'un mauvais, c'est rendre service
à l'agriculture et à l'État que d'améliorer ces chevaux
informes, de quadrupler leurs forces, leur travail;
en un mot, d'en faire de bons chevaux pour les remontes et le commerce.

Un fait d'une haute importance et jusqu'ici négligé,
c'est la faculté que possèdent les chevaux de transmet-
tre à leurs descendants, avec leur conformation et leur
qualités, certaines maladies ou au moins une organisation qui y prédispose. Les éleveurs ne devront donc
livrer à la reproduction que les juments d'une bonne

santé, d'un caractère doux, d'un développement complet et d'un âge qui permette à ces juments une progéniture fortement organisée. Ils devront rejeter celles qui auront été atteintes de fluxion périodique ou qui auront des yeux petits et ternes ; celles dont la poitrine sera faible ou malade, qui seront poussives ; celles encore qui porteront des tumeurs noires autour de l'anus ou des parties de la génération (mélanoses), ou qui seront sujettes aux affections rhumatismales, aux crevasses, eaux aux jambes, dartres, ulcères de la fourchette ; ou bien encore aux engorgements articulaires, aux éparvins, toutes celles aussi qui présenteront des défauts d'aplomb importants, et à bien plus forte raison toutes celles qui seront atteintes de farcin ou de morve, ou qui auront été malades de ces affections.

Par la même raison, le cultivateur-éleveur devra conserver religieusement ses juments poulinières de mérite ainsi que les pouliches de bonne apparence. Jamais un intérêt mal compris ne doit le déterminer à les vendre. Bien que le prix qu'il pourrait en retirer soit élevé, loin d'augmenter ses richesses par cette vente, il les amoindrira, puisqu'il affaiblira ses ressources et ses avantages ultérieurs. Qu'il rejette donc loin de lui ces mauvaises opérations agricoles, qu'il sache résister à ce désir immodéré de faire immédiatement argent de tout. Certaines juments ne doivent être vendues pour aucun prix. Imitons ces peuples nomades qui ont fait preuve d'intelligence et d'esprit d'observation ; soyons attentifs et sévères sur le choix des juments. Le jour où l'éleveur érigera en principe qu'une jument poulinière n'est jamais trop bonne pour lui et qu'il la choisira en vertu de ce principe, la régénération de la race ardennaise sera assurée.

De l'Alimentation.

Autrefois et jusqu'au XVIIe siècle les prairies se trouvaient, comparativement aux terres arables, dans une proportion beaucoup supérieure à celle où les a placées le système d'assolement triennal, qui employa la presque totalité des terres à la culture. Cette restriction des prairies, effet naturel de l'augmentation progressive de la population, et conséquemment du besoin de céréales, a placé les cultivateurs dans la nécessité de ne se livrer à l'élève du cheval que sur une échelle très-limitée, comparativement aux besoins des différents services. Cela ne veut pas dire que la population chevaline ait diminué, mais elle s'est affaiblie ; les fourrages n'étant plus assez abondants ; les chevaux ont été mal nourris. De là ce grand nombre d'individus contrastant avec les besoins de l'époque par leur inaptitude aux différentes spécialités de service.

L'assolement triennal est le plus improductif de tous, puisqu'il nécessite la jachère qui s'oppose à la culture des prairies temporaires. Dans cet état d'abandon, la terre est loin de fournir une nourriture comparable à celle que donnent les fourrages artificiels et que, mieux employée, elle peut produire.

Des agronomes intelligents ayant observé, que, quoique la terre se lasse promptement de produire la même chose, elle ne se lasse jamais de produire, déclarèrent la jachère une perte réelle. L'assolement des terres doit toujours être combiné de telle façon qu'une rotation de culture, sur le même sol, donne le plus grand produit aux moindres frais possibles. Cet axiôme, d'ailleurs, n'est pas nouveau. Columelle, le plus savant agronome-cultivateur de l'antiquité, qui vivait sous le règne de l'empereur Claude, écrivait, vers l'an 42 de notre ère, que, loin de vieillir en produisant, la terre peut toujours rester féconde lorsqu'elle est bien cultivée et bien fumée (1).

En Flandre, en Allemagne, en Angleterre, l'assolement alterne a permis de cultiver les prairies artificielles de manière à pouvoir nourrir convenablement les bestiaux et en augmenter considérablement le nombre. C'est principalement sur les chevaux que cette prospérité s'est effectuée. Aujourd'hui ce mode d'assolement, adopté sur plusieurs points de notre belle France, procure, à ceux qui suivent ce système, le même avantage qu'aux nations de l'Europe qui en font usage. Puisqu'il est bien reconnu que l'assolement triennal est de nature rebelle à la culture des fourrages, hâtons-nous donc de généraliser dans notre pays la culture alterne, dont les prairies artificielles forment

(1) De re rusticâ.

la base essentielle. Alors , pouvant mieux nourrir les chevaux, les Ardennes concourront à affranchir la France de l'impôt qu'elle paie à l'étranger , pour l'introduction de plus de 20,000 chevaux dont elle a besoin annuellement.

Nous l'avons déjà dit , mais nous croyons qu'on ne saurait trop le répéter , ce n'est pas la quantité de chevaux qui manque en France, mais la qualité , envisagée au point de vue de l'aptitude aux différents services de notre état avancé de civilisation. L'abondance des fourrages étant un puissant auxiliaire pour changer cet état de choses, on doit comprendre qu'on ne saurait jamais en avoir trop. La consommation qu'on en fait au profit des terres arables paie toujours amplement l'agriculteur de toutes les avances qu'il a été obligé de faire. Les fourrages sont le moyen d'élever et d'entretenir de nombreux troupeaux, d'augmenter la masse des engrais, et , par une conséquence inévitable , celle des grains. De là , le premier des proverbes : *qui a du foin a du pain.*

La culture alterne présente le quadruple avantage , 1° de diminuer la quantité de labours pour une quantité donnée de produits ; 2° de multiplier les fourrages, ce qui permet d'avoir plus de bestiaux et d'engrais ; 3° de faire périr les mauvaises herbes qui sont étouffées par les prairies artificielles ou détruites par les sarclages ou binages ; 4° enfin de détruire plus ou moins complètement la coutume des jachères , qui fait toujours perdre un temps précieux pour la production. C'est en conservant les terres dans le meilleur état possible , que l'on parvient à leur faire donner la rente la plus forte qu'elles puissent produire.

Dans certaines contrées de ce département , l'assolement triennal a subi des modifications favorables ; le système des jachères disparaît de jour en jour pour faire place à la culture des prairies artificielles. Dans a zône axonienne ou rivière d'Aisne, il n'est pas rare de trouver trente ou quarante beaux chevaux dans une même métairie. C'est bien assurément à l'abondance des fourrages artificiels qu'elle doit cette richesse chevaline. Si quelques doutes s'élevaient à cet égard , je n'en voudrais pas d'autre preuve que les résultats obtenus dans la zône champenoise où l'on remarque aujourd'hui les plus beaux chevaux du département , quoique le sol ingrat de cette contrée semblât devoir lui refuser toute espèce de prospérité agricole. La zône champenoise, malgré le croisement des étalons anglais et anglo-normands , et sous l'influence unique d'une nourriture abondante et substantielle , fournie aux mères et aux produits, peut aujourd'hui conduire aux foires de Stenay , de Carignan , de Rocroi , un grand nombre de poulains qui y sont vendus à beaux bénéfices. Que serait-ce donc si, avec le secours des prairies artificielles qu'ils possèdent aujourd'hui , les agriculteurs pouvaient disposer de bons étalons percherons, ardennais et orientaux ?

Ainsi donc , pour arriver sûrement et promptement à améliorer la race , sous le double rapport de l'ampleur du corps et de l'élévation de la taille , on devra

commencer par s'y préparer en améliorant les pâturages et les fourrages.

Les prairies , soit naturelles , soit artificielles , sont
incontestablement la base de toute prospérité agricole.
La réforme qui, depuis 50 ans, s'est opérée en Allemagne, a principalement porté sur les prairies. Aussi,
sur certains domaines, on a pu doubler, tripler même
le nombre des bestiaux.

Dans le département des Ardennes, les 9/10 au
moins des prairies naturelles sont encore abandonnés
aux seuls soins de la nature. La nécessité d'augmenter
la production des fourrages étant bien reconnue, pourquoi ce département , à l'exemple de ce qui se passe
dans certains cantons d'Allemagne , n'établirait-il pas
des prairies modèles? Ces prairies , prises dans différentes conditions (élevées , de plaine, humides , maré-
cageuses), seraient étudiées sous le rapport de leur
irrigation, de leur amendement et des soins à apporter
à leur culture. Ce serait le moyen de parvenir à connaître ce qu'il est utile de faire pour rendre les bonnes
prairies meilleures qu'elles ne le sont, et pour trans-
former les médiocres et les mauvaises en des terres
fournissant des herbes et des foins en plus grande quantité et de bonne qualité.

Alimentation des Juments poulinières.

Les juments poulinières doivent en tout temps être
nourries convenablement ; mais surtout pendant qu'elles

allaitent , pour qu'elles puissent fournir aux poulains des principes alibiles en abondance. Le lait possède des qualités différentes selon la nature des aliments dont les herbivores se nourrissent ; il est évident que de bonnes herbes, de bon foin et de l'avoine d'une qualité supérieure et bien conservée, fourniront à la mère des parties lactifères de nature à profiter au poulain d'une manière avantageuse.

Alimentation des Poulains.

Les poulains sont nourris, dans plusieurs contrées des Ardennes , d'une manière trop parcimonieuse ; c'est là une mauvaise économie et la cause principale du peu de taille et de volume de la plupart des chevaux. L'entretien, bien entendu, et une ample nourriture sont d'une nécessité absolue en élevage.

On élève les poulains de deux manières, dans les herbages ou à l'écurie. L'une et l'autre de ces deux manières sont connues dans les Ardennes, mais, à quelques rares exceptions près, ni l'une ni l'autre n'y est employée d'une manière absolue. C'est en quelque sorte un mode d'élevage que l'on pourrait appeler mixte, qui y est en usage. Naissant du mois d'avril au mois de juin, les poulains passent à l'écurie le temps qui s'écoule depuis leur naissance jusqu'à la fauchaison des foins.

La *dépaissance* étant commune , dès que les foins

sont rentrés et les prairies libres , les poulains y sont lachés avec leurs mères, et tous les chevaux du village, en compagnie de bœufs, vaches, chèvres et ânes ; le tout sous la surveillance de gardiens qui prennent ces animaux à deux heures du matin , les ramènent à dix heures chez les différens propriétaires qui les leur ont confiés et les reprennent à deux heures après-midi pour les faire rentrer au village à dix heures du soir. Arrivés dans la prairie, tous ces animaux se forment en deux groupes ; les chevaux et les ânes ensemble, c'est ce qu'on nomme la *chevalerie* ; les bœufs , les vaches et les chèvres en un autre peloton qui a reçu le nom de *herde.* Chacun de ces groupes a un gardien spécial : celui qui garde les chevaux est appelé *chevalier*, et celui qui garde les bêtes à cornes est nommé *herdier.* Tout cela dure jusqu'au commencement de l'hiver. A cette époque les poulains rentrent à l'écurie et n'en sortent plus que pour aller boire , jusqu'à la nouvelle fauchaison.

Quelques poulains passent avec leurs mères la nuit dans la prairie , mais c'est le plus petit nombre , les autres rentrent à la ferme où une nourriture presque toujours insuffisante est offerte à la plupart d'entr'eux. Jamais ces jeunes animaux n'ont d'avoine ni autre grain à manger. C'est à peine si on leur en donne quand on commence à les faire travailler. Ne retirant aucun travail des poulains pendant les deux premières années de leur âge, les cultivateurs s'imaginent opérer une économie en les nourrissant peu substantiellement. Ce faux calcul, résultat d'une erreur déplorable, produit justement un effet contraire, et là où le cultivateur croit réaliser un bénéfice, se trouve pour lui la cause d'une perte ultérieure considérable. C'est durant le temps de leur croissance que les poulains doivent être bien nourris. Si, alors, la nourriture est insuffisante, les organes ne se développent qu'imparfaitement ; les poulains restent petits, offrent peu de volume et deviennent des chevaux médiocres qui se vendent toujours mal.

Ce mode d'élevage laissant beaucoup à désirer, voici ce qu'il conviendrait de faire pour retirer de l'industrie chevaline dans les Ardennes plus de bénéfices que ce département n'en obtient ; en un mot pour avoir des chevaux supérieurs à ceux qu'il possède. Pendant l'allaitement, si la mère, bien nourrie, fournit assez de lait, le poulain n'a pas besoin d'autre aliment ; il suffit, dans ce cas, de ne pas le laisser dans la prairie trop longtemps exposé au froid et surtout au froid humide qui lui est très-préjudiciable. Après le sévrage on devra lui donner un peu d'avoine concassée et des boissons blanchies avec des farines d'orge, de seigle ou de tout autre grain. Plus tard, à sept ou huit mois, par exemple, l'avoine pourra lui être donnée en grains, d'abord à petite dose, jamais de manière à la lui faire refuser, mais au contraire qu'il la mange toujours avec plaisir. La dose devra en être augmentée progressivement pour faire arriver la ration à trois litres par jour. Le fourrage lui sera donné suivant son appétit, mais toujours peu à la fois pour qu'il ne boude pas dessus et qu'il ne le foule pas aux pieds. Quelques repas de carottes donnés de temps à autre produisent des effets très-favorables. Cette racine possède la faculté de rendre les gourmes bénignes, de calmer les toux et de faciliter les digestions. On aura soin de donner les carottes coupées, autant pour éviter les accidens que par mesure d'économie.

La nourriture verte, très-favorable au développement des poulains, leur convient également beaucoup pendant la dentition. Sous l'influence de ce régime, le travail dentaire s'effectue facilement et les animaux sont beaucoup moins exposés aux maladies inflammatoires. Mais, comme l'alimentation verte, continuée pendant longtemps, surtout dans l'arrière saison, relâche la fibre musculaire, détermine la molesse des individus, donne un tempérament lymphatique, occasionne des gourmes malignes et prédispose les chevaux à être atteints plus tard de morve ou de farcin, surtout si la pâture a lieu sur des prairies humides ou même sur de bonnes prairies pendant une saison pluvieuse, froide ou humide, on doit sentir l'impérieuse nécessité de combattre tous ces fâcheux effets en donnant de l'avoine aux poulains; ou bien, si ce grain est trop cher, des féverolles concassées.

Les bons effets d'une alimentation intelligente seront secondés par la propreté des écuries et leur aération. Les émanations excrémentitielles, l'air impur, altèrent le sang des animaux qui sont forcés de vivre dans une atmosphère de cette nature. Les soins de propreté, je ne parle pas d'un pansage complet, mais quelques bouchonnements et même un peu l'emploi de la brosse produiront aussi des effets salutaires , en débarrassant les poulains de la crasse qui les recouvre et en imprimant à la peau et au système capillaire une action favorable. Je sais bien que beaucoup de poulains grandissent et grossissent sans qu'ils soient l'objet d'aucun soin de propreté , mais cela ne prouve pas qu'ils se porteraient moins bien étant plus propres. L'empressement que dans certains temps les poulains mettent à se gratter contre tous les corps durs qui sont à leur portée me prouve , au contraire , qu'ils n'en seraient que plus satisfaits.

De la castration des Poulains.

Autrefois , ce n'était qu'à l'âge de quatre à cinq ans que l'on faisait châtrer les poulains. Aujourd'hui, comprenant mieux son intérêt sous ce rapport, c'est à deux ans que le cultivateur fait pratiquer cette opération. Quelques poulains sont bien encore châtrés à trois et même à quatre ans, mais c'est une exception qui a pour objet des poulains d'élite que quelques cultivateurs mal avisés , emploient dès l'âge de deux ans à la monte des juments de la ferme.

Par la même raison qui fait préférer l'âge de deux ans à celui de quatre, pour opérer la castration , il doit être bien plus avantageux de la pratiquer encore plus tôt si c'est possible. Plus les animaux sont jeunes, moins les organes de la génération ont d'importance : de sorte qu'en enlevant les testicules pendant qu'elles sont encore, pour ainsi dire, à leur état rudimentaire, cette opération ne doit être suivie que de très-faibles dangers, si toutefois danger il y a, puisque l'animal s'en aperçoit à peine.

M. Person, agriculteur habile, très-honorablement connu dans la science hippique, conseille de châtrer les poulains pendant qu'ils têtent encore, quand la chose est possible, et elle l'est, assure-t-il plus fréquemment qu'on ne le croit.

« Quant à nous, dit M. Person, depuis une quinzaine d'années que nous faisons des élèves, c'est un usage que nous avons toujours suivi, dont nous nous sommes toujours bien trouvé et auquel nous n'avons pas encore rencontré d'obstacle. A cet âge, l'opération ne présente presque aucun danger ; l'animal s'en aperçoit à peine. Quant à la crainte que l'opération n'arrête la croissance de l'animal, nous ne nous sommes jamais aperçu qu'elle arrêtât autre chose que l'épaississement de l'encolure, et, comme nous ne voyons pas bien quel avantage il peut résulter pour un cheval de ressembler à un bœuf, nous n'y avons trouvé qu'une raison de plus de hâter l'opération. »

Quant à l'état de santé dans lequel les poulains doivent se trouver au moment de l'opération, nous n'en dirons rien, les propriétaires ne pouvant, à cet égard, avoir de meilleur guide que les conseils que les vétérinaires de la localité pourront leur donner. Seulement nous conseillerons, si la castration est pratiquée sur des poulains de deux ans et au-dessus, d'avoir pour eux les plus grands soins hygiéniques parce que , quoique l'opération soit toujours simple en elle-même, les suites en sont souvent fort graves. Les éleveurs devront donc diminuer la ration de moitié pendant les vingt premiers jours qui suivront l'opération. Si les jeunes opérés sont au vert , ce régime étant débilitant, on pourra leur conserver la ration entière ; à moins pourtant que les aliments verts ne se composent d'herbes en pleine maturité; alors ce régime étant très-nutritif, on devra, comme pour l'alimentation sèche, supprimer la moitié de la ration. Les poulains ne devront être remis à leur ration ordinaire que progressivement. L'ingestion d'eau trop froide , les variations de température étant de nature à déterminer des inflammations , on devra placer les poulains opérés à l'abri de ces causes de maladie. Une promenade modérée s'ils sont nourris à l'écurie, ou quelques heures passées à la prairie pendant les beaux moments de la journée, sont des moyens salutaires qu'on ne doit pas négliger.

Du travail des Juments poulinières.

En état de gestation ou nourrices , les juments travaillent toujours et n'en sont pas mieux nourries. Si la parturition n'a pas lieu la nuit, elles courent grand risque d'opérer leur délivrance au milieu d'un sillon , ou tout au moins à l'heure des repas dans l'écurie., mais littéralement le harnais sur le dos. Si la nourriture était augmentée en proportion des besoins de la jument, et qui résultent de son état de plénitude ou de nourrice, il n'y aurait assurément pas grand mal à la faire travailler, pourvu toutefois qu'on le fit avec assez de modération pendant l'allaitement, pour ne pas échauffer son lait, ainsi que lorsqu'elle est arrivée à un état très-avancé de gestation, pour n'en pas faire souffrir le fœtus.

Il ne faut pas, pendant la gestation, nourrir de manière à provoquer l'engraissement, cet état nuirait au fœtus ; mais la nourriture devra être telle que la jument puisse être toujours robuste. Une mère mal nourrie, excédée de travail, ne peut pas donner au fruit qu'elle porte un développement convenable ; et si elle nourrit, son lait n'étant ni assez nutritif, ni assez abondant, le poulain restera dans des proportions de taille et de formes bien inférieures à celles qu'il aurait acquises si sa mère se fût trouvée dans des conditions alimentaires plus favorables, et plus ménagée pour le travail.

Du travail des Poulains.

De dix-huit mois à deux ans les poulains commencent à travailler avec d'autres chevaux. A deux ans, ils sont souvent employés seuls à la herse, où ils travaillent plus que leurs forces ne leur permettent. A trois ans, ils partagent avec les autres chevaux les travaux de la ferme ; ils sont considérés comme des chevaux faits.

Pourquoi faire travailler les poulains de si bonne heure, et surtout où se trouve la nécessité d'employer à la herse, seuls, des poulains de deux ans ? Vous ne comprenez donc pas que vos animaux, mal nourris et excédés de travail, ne peuvent ni grandir ni se développer ; que leurs formes se ressentent des efforts qu'ils ont dû faire et que, pour ces raisons, restant petits, chétifs, mal faits, vos chevaux se vendent mal ? Dès lors votre économie illusoire se traduit en perte réelle (1).

Vous vous dites : en ne donnant pas d'avoine à mon poulain, je gagne cent francs, puisque, ne les déboursant pas, c'est comme si je les avais gagnés. Vous faites le même raisonnement pour le travail ; vos poulains de deux et trois ans remplaçant des chevaux faits, vous donnent le moyen de vendre ces derniers. C'est encore autant de gagné, dites-vous, sur une dépense de foin et de paille que vous n'avez pas à supporter. Je comprends, en effet, qu'une pareille économie vous séduise, elle est immédiate, *c'est de l'argent qu'il ne faut pas tirer de la bourse.* Mais c'est là l'histoire des jachères, de la mauvaise fumure des terres et des semailles mal faites ou incomplètes. En agriculture, encore plus

______

(1) Chez quelques cultivateurs ardennais, l'insouciance est portée à un haut degré. Ils n'ont ni l'amour ni même le goût du cheval qu'ils ne considèrent que comme une machine ouvrière. Peu leur importe qu'il soit boiteux ou borgne ; s'il travaille en se nourrissant de peu, cela leur suffit.

qu'ailleurs., *il faut savoir semer pour récolter*; l'expérience parle assez haut. Soyez bien pénétrés de cette vérité : une culture intelligente, une nourriture abondante et saine pour vos chevaux, un exercice modéré pour les poulains jusqu'à trois ans accomplis, un travail qui non-seulement ne soit jamais au-dessus des forces des juments pleines, de celles qui nourrissent, ni des poulains de trois à cinq ans, mais qui même n'en nécessite pas l'emploi complet, vous rendront au quadruple les dépenses apparentes que cet état de choses semblera vous occasionner.

Il y a quelques jours, j'étais dans une ferme où le maître de la maison me fit remarquer un cheval dont il faisait grand cas, à cause de son énergie et de sa résistance au travail. Ce cheval, âgé de cinq ans, n'avait pas 1 m. 516 millim. (8 pouces).

— Quel prix l'estimez-vous ? lui demandai-je.

— 500 fr., me fut-il répondu.

— Si vous l'aviez bien nourri et ménagé jusqu'à quatre ans, ne pensez-vous pas qu'il eut pu gagner 40 millim. (1 pouce 1/2), et, de plus, être mieux d'aplomb qu'il ne l'est.

— Cela, me répondit-il, aurait dû en effet avoir lieu, comme vous le dites.

— A combien faites-vous monter le surcroît de dépense de ce cheval, en supposant que vous l'eussiez placé dans les conditions de développement et de conservation dont nous venons de parler ?

— A 150 fr.

— Eh bien ! maintenant, calculez ; votre cheval vaudrait 900 fr. s'il avait 40 à 50 millim. de plus et s'il était mieux conservé ; vous en convenez ?

— Oui.

— C'est donc, tous frais de nourriture excédante et de travail en moins payés , 250 fr. que vous perdez.

Le fermier resta convaincu ; je n'ose pas dire qu'il soit corrigé.

CHAPITRE IV.

❀

DE LA SAIGNÉE ET DE QUELQUES MALADIES LES PLUS FRÉQUENTES DANS LES ARDENNES.

❀

Notre intention n'est pas de publier un traité complet des maladies. Un ouvrage de ce genre serait plutôt nuisible qu'utile aux éleveurs pour lesquels il serait fait. Il ne suffirait pas de bien classer les maladies, de les décrire exactement et d'indiquer les moyens propres à les combattre; il faudrait avec cela pouvoir donner aux cultivateurs les connaissances nécessaires pour les mettre à même de bien connaître et d'apprécier, au milieu d'une foule de symptômes généraux , les signes pathognomoniques qui caractérisent les maladies ; en un mot, leur donner ce tact médical sans lequel on est souvent exposé à commettre des fautes graves. Ce talent ne pouvant appartenir qu'au vétéririnaire instruit par une bonne théorie et une pratique longue et éclairée, ce serait fournir aux éleveurs une arme d'autant plus meurtrière qu'ils en croiraient l'usage, non-seulement inoffensif, mais même salutaire. Les insuccès ne les désabuseraient pas, ils les attribueraient ou à la présence d'une affection incurable, ou à tout autre circonstance contre laquelle les moyens médicaux devaient forcément rester sans effet. Ce serait donc tout simplement augmenter le nombre des empiriques avec cette différence pourtant que les cultivateurs seraient de bonne foi , tandis que les empiriques de profession , étouffant tout sentiment consciencieux , emploient tous les moyens imaginables pour faire croire à une habileté et à des connaissances qu'ils savent bien ne pas posséder.

Cependant, comme il est utile, dans certains cas urgents, que les agriculteurs puissent donner les premiers soins à leurs chevaux , en attendant les conseils d'un vétérinaire , nous avons cru utile de parler de quelques maladies les plus fréquentes dans ce département. Nous parlerons aussi de la saignée , par la raison que les maladies qui réclament son emploi étant toujours aiguës et quelquefois de nature à emporter les chevaux en peu d'heures , il est bon que les cultivateurs sachent la pratiquer. L'étude des causes prédisposantes et occasionnelles des maladies sera d'une grande utilité pour les cultivateurs qui pourront, en plaçant les chevaux dans des conditions meilleures, les conserver en santé, ce qui est assurément bien préférable à savoir les médicamenter lorsqu'ils sont malades.

De la Saignée.

La saignée peut être faite sur plusieurs parties du corps ; assez de vaisseaux sanguins, chez le cheval, sont superficiellement placés pour permettre au praticien des émissions sanguines générales ou spéciales, selon l'indication. Mais, comme il importe principalement au cultivateur de porter un prompt secours à ses chevaux menacés d'une inflammation, telle que toute temporisation pourrait lui être préjudiciable, il lui suffit de connaître le mode opératoire de la saignée du cou. Cette saignée, la plus facile à exécuter, est en même temps celle qui, dans un temps donné, fournit le plus de sang. Pour la pratiquer, on doit premièrement placer le cheval dans un jour convenable, la tête élevée et la veine à ouvrir située du côté opposé à la direction du vent, si la saignée se fait dehors. La corde dont quelques maréchaux se servent encore devant être rejetée, l'opérateur, la main droite armée d'un petit bâtonnet, tiendra la flamme avec le pouce et les deux premiers doigts de la main gauche, et avec les autres, il établira une compression sur la veine en tirant la peau qui la recouvre

6

du haut en bas. La main opérant la compression et tenant la flamme devra être placée de manière à pouvoir pratiquer l'ouverture de la veine jugulaire vers les deux tiers supérieurs de l'encolure. Si les poils, sur cette partie, sont longs et épais, on les coupera ; dans le cas contraire, on les lissera avec une éponge légèrement mouillée, pour pouvoir mieux distinguer la veine.

C'est une mauvaise pratique que de laisser couler le sang par terre ou sur la paille, on devra toujours le recueillir dans un vase pour en connaître exactement la quantité et pour, au besoin, pouvoir en apprécier la qualité.

Le placement de l'épingle, quoique en apparence d'un intérêt minime, étant quelquefois la cause de trombus, on devra porter la plus grande attention à ne pas tirer la peau en la pinçant pour rapprocher les lèvres de l'ouverture de la saignée. L'épingle placée et la plaie maintenue fermée au moyen du nœud dit de la saignée, fait avec quelques crins, on devra laver cette partie et attacher le cheval au ratelier pendant une heure au moins, pour qu'il ne puisse se frotter la saignée contre la mangeoire ou les corps durs qui l'environnent, ce qui occasionnerait un trombus, accident quelquefois très-grave. Ce temps écoulé, on détache le cheval et on lui donne à manger.

La quantité de sang à extraire étant subordonnée à la taille, à l'âge, au tempérament du cheval, ainsi qu'à l'intensité de la maladie qui nécessite cette opération, nous ne pouvons rien préciser à ce sujet. Cependant, sachant que pour un cheval de moyenne taille une saignée dite de *précaution*, ne doit pas être moindre de 2 1/2 à 3 kilogrammes , cette donnée pourra servir de terme de comparaison. Les symptômes principaux qui indiquent la nécessité de la saignée sont les suivans : pouls dur et plein , rougeur des membranes muqueuses qui tapissent l'intérieur des paupières , des naseaux et de la bouche, air expiré chaud, veines gonflées. Si avec cela , on remarque une diminution sensible d'appétit et de gaieté , de l'abattement , de la tristesse , le poil terne et piqué , les excréments marrounés, coiffés et durs , alors les chevaux sont déjà malades et il faut réclamer les soins d'un vétérinaire.

De la Gourme.

La gourme, cette maladie catarrhale qui attaque les jeunes chevaux à l'époque de la dentition , est assez souvent une affection grave dans le département des Ardennes. La température habituellement froide , ses variations , ses changements brusques, une nourriture insuffisante, le travail prématuré, sont les causes habituelles de sa malignité.

Les symptômes qui caractérisent la gourme sont suffisamment connus : tout le monde sait qu'un jetage plus ou moins abondant par les deux naseaux , l'engorgement des ganglions de l'auge qui deviennent douloureux, volumineux, chauds, tendus, et qui s'abcèdent ; la perte d'appétit, la difficulté d'avaler les aliments , la respiration difficile, la toux, la fièvre, la tristesse, sont les signes qui la font reconnaître. Mais ce qu'on ignore, ou si on le sait, ce qu'on traite absolument comme si on l'ignorait, ce sont les soins dont les poulains doivent être l'objet, durant l'âge de deux à cinq ans, temps pendant lequel le travail de la dentition s'opère.

Nourrir les poulains plus convenablement, les ménager pour le travail jusqu'à l'âge de quatre ans, ne pas les exposer aux intempéries climatériques, sont les principales réformes à introduire dans le pays pour que la gourme s'y montre plus rarement et surtout pour qu'elle soit toujours bénigne. Si on donne du grain aux poulains, et il y a intérêt pour le cultivateur à le faire, on devra le leur concasser pendant le travail pénible de la dentition, parce que la mastication des grains, exigeant une plus grande force d'action de la part des mâchoires, compliquerait d'autant les fluxions de la tête, qui se manifestent alors.

Dès que les premiers symptômes de gourme apparaîtront, il faudra tenir les poulains dans des écuries bien propres et bien aérées, dont la température sera douce, et ne les en sortir, pour les promener, que dans les meilleurs moments de la journée et avec une couverte de laine sur le corps. Cette maladie, à laquelle on accorde généralement peu d'attention, est au contraire une de celles qui en mérite d'avantage ; beaucoup de chevaux se ressentent toute leur vie du manque de soins et d'un traitement rationnel pendant qu'ils en étaient atteints.

Les naseaux seront souvent lavés avec de l'eau tiède.

Si la respiration est difficile, on dirigera dans les cavités nasales des vapeurs tièdes d'une décoction de mauves ou de son. Les glandes de l'auge seront recouvertes au moyen d'une peau de mouton et graissées avec de l'onguent basilicum que l'on renouvellera tous les deux à trois jours, en ayant bien soin, avant d'étendre une nouvelle couche, d'enlever celle précédemment appliquée. Les boissons seront tièdes, miellées, nitrées et blanchies avec de la farine d'orge ou de seigle. Pour combattre la toux on emploiera un opiat béchique, composé de miel, de poudres de réglisse et de guimauve, qu'on fera prendre plusieurs fois par jour, à la dose de quatre cuillerées chaque fois (120 grammes environ). Si la toux était pénible, la fièvre bien prononcée et l'inflammation intense, il faudrait s'empresser de recourir aux lumières d'un vétérinaire expérimenté, la moindre négligence à cet égard peut avoir des conséquences funestes.

Angines (1).

L'angine, connue vulgairement sous la dénomination d'esquinancie ou étranguillon, est une inflammation de l'arrière-bouche et de la gorge. On la nomme laryngée si le larynx est malade, pharyngée si c'est le pharynx, et laryngo-pharyngée lorsqu'il y a lésion, en même temps, des parties de la déglutition et de la respiration.

(1) Du latin *angere*, suffoquer, étrangler.

L'angine laryngée s'annonce par la difficulté de respirer ; l'angine pharyngée par une grande gêne dans la déglutition. Lorsque la maladie acquiert un certain degré d'intensité, dans le 1ᵉʳ cas les chevaux portent le nez au vent, ont la respiration bruyante, les naseaux très dilatés et sont dans un état d'anxiété remarquable ; dans le 2ᵉ ils éprouvent une si grande difficulté pour avaler les aliments et principalement l'eau, qu'ils ont quelquefois ce liquide en horreur ; les chevaux jettent par la bouche une bave visqueuse qui répand une mauvaise odeur. Dans l'un et l'autre cas les chevaux sont tristes, abattus ; le pouls est plein, l'artère tendue, la gorge très douloureuse, ce qui se manifeste à la pression exercée avec les doigts sur cette partie. Les jeunes sujets et ceux d'un tempérament irritable sont plus exposés à l'angine que les autres chevaux. Cette maladie, qui met promptement les animaux en danger, se déclare et se développe sous l'influence des causes suivantes : refroidissements de la peau ; boissons froides, les animaux ayant chaud ; usage de fourrages nouveaux, d'aliments excitants, d'avoine nouvellement récoltée.

La saignée de 3 à 4 kilogrammes faite à la jugulaire, des tisanes d'orge tièdes, miellées, blanchies, légèrement acidulées, quelques lavements émollients, des couvertes de laine sur le corps, des cataplasmes de farine d'orge sous la gorge, une grande propreté des écuries et surtout des mangeoires ou augets dans lesquels on leur offre les boissons, sont les premiers soins à donner en attendant l'arrivée d'un vétérinaire,

qu'il faudra toujours envoyer chercher. L'angine étant
une maladie grave qui peut promptement déterminer
la mort du cheval qui en est atteint, on doit comprendre
l'importance d'un traitement convenable, dirigé par un
médecin-vétérinaire habile.

Pleurésie.

On nomme pleurésie, l'inflammation de la plèvre,
membrane séreuse qui tapisse les parois de la poitrine
et les viscères contenus dans cette cavité. Cette maladie,
plus particulière aux jeunes chevaux irritables et d'un
tempérament sanguin, s'annonce par les symptômes
suivants : abattement général, frissons ou tremblements
généraux, légères coliques. Après l'apparition de ces
premiers symptômes, la température de la peau s'élève,
on remarque des sueurs partielles aux flancs, à la face
interne des cuisses, quelquefois les sueurs sont générales. La respiration, pénible et accélérée, est surtout
inégale ; l'inspiration est courte, brusque, interrompue ;
l'expiration, grande, prolongée, lente, est irrégulière.
Les narines sont dilatées, l'air expiré n'est pas plus
chaud que de coutume. La toux est petite, sèche,
courte et comme avortée. L'artère est tendue, le pouls
accéléré et serré. Les parois du thorax sont très-sensibles
à la pression exercée entre les côtes pour explorer la
poitrine.

Les refroidissements de la peau, soit par l'immersion dans l'eau froide, soit par l'exposition à la fraîcheur des nuits ou de la pluie , les chevaux ayant chaud ; des travaux rudes et soutenus pendant les fortes chaleurs, et, après ces travaux, l'abandon des chevaux dévorés par la soif, couverts de sueur , excédés de fatigue, dans des pâturages frais ou humides ; leur séjour dans des écuries ouvertes de toutes part ; le réfroidissement subit de l'estomac lorsqu'on fait boire aux chevaux couverts de sueur ou ayant très chaud, de l'eau trop froide ; les changements brusques de température au commencement du printemps et à la fin de l'automne , sont les causes les plus ordinaires de la pleurésie. Des contusions du thorax, soit par des coups reçus , soit par des chutes sur cette partie , peuvent aussi la déterminer.

Pneumonie.

Les poumons étant, par la nature de leurs fonctions, sans cesse en rapport avec l'air extérieur, éprouvent l'influence de toutes les vicissitudes atmosphériques. Cette circonstance les place dans les conditions les plus favorables à une congestion ou à une inflammation du tissu parenchymateux qui les constitue. La congestion et l'inflammation pulmonaires sont en outre déterminées par les mêmes causes que nous avons énumérées en parlant de la pleurésie.

Les symptômes qui font reconnaître la pneumonie

chez le cheval sont la tristesse, la dilatation des naseaux, une respiration accélérée ; inspiration grande, respiration courte , mouvements des flancs grands ; l'artère pleine et tendue, le pouls grand et fort ; la rougeur et l'injection des membranes muqueuses apparentes ; les poils ternes, secs, la peau adhérente, les oreilles et le bas des membres froids ; des frissons suivis de sueurs partielles aux flancs et à la face interne des cuisses ; toux sèche, forte, fréquente ou grasse selon le degré auquel la maladie est parvenue ; le jetage par les naseaux d'une matière visqueuse, jaunâtre, sanguinolente. Pendant toute la durée de la maladie, le cheval reste debout et ne se couche pas.

Il arrive souvent que la plèvre et les poumons sont frappés d'inflammation en même temps (pleuro-pneumonie). Nous en dirons autant de l'inflammation des bronches (bronchite). Les causes qui les produisent et les symptômes qui les font reconnaître étant les mêmes que ceux dont nous venons de parler , nous croyons devoir nous borner à ce qui vient d'être dit à l'occasion de la pleurésie et de la pneumonie.

L'auscultation et la percussion offrent bien une ressource précieuse pour établir une différence marquée entre les maladies de poitrine ainsi que pour asseoir un diagnostic certain au sujet de chacune d'elles ; mais l'application de ce mode d'investigation nécessitant une étude spéciale et une longue pratique, tout ce que nous pourrions en dire ici servirait peu aux cultivateurs.

Dès qu'on reconnaîtra l'existence des symptômes qui caractérisent les maladies de poitrine (pleurésie, pneu-

monie, pleuro-pneumonie, bronchite), on s'empressera
de placer le cheval dans une écurie convenablement
aérée, mais où la température soit un peu élevée. On
le saignera d'abord ; ensuite des frictions sèches seront
faites au moyen d'un bouchon de paille, principalement
aux membres dont les extrémités inférieures seront enveloppées de laine; des couvertes de laine seront
placées sur le corps. On soumettra le malade à une
abstinence sévère d'aliments solides ; de l'eau de mauves,
de guimauves ou simplement de l'eau pure tiède, blan-
chie avec de la farine d'orge , miellée , nitrée, lui sera
présentée dans un auget. On se gardera bien de lui
faire avaler de force aucune espèce de liquide ; on
devra toujours attendre qu'il boive de lui-même la
tisane qui lui sera présentée. Trois au quatre fois par
jour on placera un sceau d'eau chaude de manière à en
diriger la vapeur vers les naseaux. Cette vapeur , qui
ne doit jamais être trop chaude , produit une fumiga-
tion toujours salutaire.

Voilà les soins que les propriétaires peuvent donner
à leurs animaux et les seuls qui soient de leur compé-
tence. Les maladies de poitrine étant toujours des affections très-graves, dont les médecins-vétérinaires peuvent
seuls étudier et reconnaître le genre de lésion et de
gravité, les propriétaires devront s'empresser de réclamer leur concours et s'attacher ensuite à exécuter ponc-
tuellement les instructions qui leur seront données ;
toute négligence à cet égard peut avoir promptement des résultats funestes.

Fluxion périodique.

Cette phlegmasie particulière aux animaux de l'espèce chevaline (1), généralement connue sous le nom de fluxion périodique, en raison de son apparition intermittente à des époques plus ou moins rapprochées ou éloignées, est une des maladies les plus communes dont les chevaux ardennais soient atteints, depuis l'âge de trois ans jusqu'à celui de sept ou huit. Elle est aussi la plus fatale, puisque beaucoup de chevaux parmi ceux qui en ont été malades restent borgnes ou aveugles.

L'ophthalmie périodique se distingue difficilement, à son début, d'une ophthalmie simple ; ce n'est qu'après plusieurs jours d'existence de cette affection constitutionnelle, que les symptômes qui lui appartiennent en propre se manifestent. Ainsi, la tuméfaction des paupières, l'abaissement de la supérieure, la rougeur de la conjonctive, le larmoiement, la chaleur, la sensibilité de l'œil, etc., etc., symptômes qui appartiennent à l'ophthalmie ordinaire, comme à celle qui nous occupe, sont suivis, pour cette dernière, du resserrement de la pupille, de l'inégalité de parallélisme des axes visuels, celui de l'œil malade semblant plonger vers le sol tandis que celui de l'œil sain se prolonge sur une ligne hori-

(1) Quelques vétérinaires l'ont observée sur le bœuf et sur le mouton.

zontale. Au trouble de l'humeur aqueuse , donnant à l'intérieur de l'œil une teinte d'un blanc jaunâtre , succède son éclaircissement qui, peu à peu, laisse appercevoir, flottant dans cette humeur , une matière floconneuse blanchâtre qui tend à se précipiter et se précipite en effet à la partie inférieure de l'œil , où elle forme un amas de couleur blanc-jaunâtre que l'on aperçoit en abaissant la paupière inférieure. Cette matière se trouvant plus tard absorbée , l'œil reprend sa transparence et revient, à peu près, dans l'état où il se trouvait avant l'accès. Mais , ayant conservé une sensibilité maladive , l'influence des causes occasionnelles le rend malade de nouveau, et souvent à plusieurs reprises, jusqu'à la perte de la vue. Un observateur habile et attentif peut remarquer qu'après chaque accès, l'œil ne revient jamais ce qu'il était avant d'être malade ; et , lorsqu'il en a subi plusieurs , la cornée lucide est terne, la pupille largement dilatée, peu sensible et peu mobile , ce qui donne au cheval un air étrange et le rend indécis et craintif. L'œil reste plus petit que celui qui n'a pas été malade , et la paupière inférieure présente une fente causée par l'âcreté des larmes écoulées. Les suites des accès de fluxion périodique sont d'autant plus redoutables que les yeux sont plus petits et la tête plus grosse.

Dans l'état actuel des connaissances médicales , la fluxion périodique étant une maladie d'une guérison très-difficile, sinon impossible , aux vétérinaires seuls peut appartenir le soin d'en apprécier le degré de gravité et d'en diriger le traitement. Nous nous bornerons donc à fixer l'attention des cultivateurs sur ses causes prédisposantes et occasionnelles, les causes spéciales de cette redoutable affection n'étant pas bien connues. Mais, sachant quelles sont celles que l'on envisage comme prédisposantes et occasionnelles, les cultivateurs pourront, en les éloignant, diminuer le nombre de chevaux fluxionnaires, reculer l'apparition des accès et en amoindrir l'intensité.

Ces causes sont : un sevrage trop prompt et le passage subit pour les poulains d'une nourriture douce, légère, tendre, à une nourriture dure, excitante et qui demande des organes digestifs ; un travail auquel ils ne sont pas habitués ; un séjour ordinaire et trop long sur des prairies humides avoisinant des rivières ou enveloppées de brouillards ; la pâtre avant la dissipation de la rosée ; l'éruption des dents qui détermine un état fluxionnaire de la tête ; l'usage habituel de grains durs et secs tels que féverolles, vesces, bisailles ; d'aliments mal récoltés, mal conservés ou composés de plantes de mauvaise nature. Plusieurs cultivateurs pensent que les matières sulfuruses (cendres noires), servant d'engrais habituel aux prairies artificielles, peuvent aussi l'occasionner ; mais c'est là une opinion que rien ne justifie ; le passage subit du chaud au froid ; des écuries malsaines, humides, froides; l'abus des saignées dites de précaution et surtout l'hérédité (1)

____

(1) M. Hachard, propriétaire à Servi, arrondissement de Rocroi, avait une jument de race commune, aveugle par suite de la fluxion périodique ; cette jument donna six poains qui tous furent atteints de fluxion périodique et devinrent aveugles.

en sont les causes bien moins douteuses. — Nous
ne croyons pas que l'usage de l'avoine , durant le travail dentaire , puisse être une cause d'ophthalmie
périodique, nos observations à ce sujet nous autorisent
à émettre une opinion contraire. La fluxion périodique,
véritable fléau pour les cultivateurs qui se livrent à
l'élève du cheval , est beaucoup plus rare chez les
jeunes chevaux bien nourris et ménagés pour le travail
que chez ceux qui se trouvent dans des conditions
moins favorables.

Coliques.

Les coliques, nommées vulgairement tranchées , ne
sont qu'un des symptômes de l'état morbide d'un des
organes abdominaux Cette dénomination ne présente
à l'esprit rien de spécial , de précis , de déterminé ;
ainsi , l'agitation plu ou moins grande des animaux,
les mouvements tumutueux et quelquefois désordonnés
auxquels ils se livrent indiquent des souffrances abdominales plus ou moin intenses, mais sans rien donner
de positif sur la natue de l'affection, de son siège et
de ses causes. Il est trs difficile de bien caractériser
les coliques, et ce n'es qu'une étude approfondie des
signes qui sont l'expreion des souffrances profondes
que les chevaux éprovent , qui peut mettre l'observateur à même de conaître les maladies dont les
coliques ne sont que leseffets.

Comme c'est là une étude difficile, longue, pénible, et qu'il n'est pas indifférent de savoir, lorsque le cheval se roule à terre, se couche, se relève, s'agite, regarde son flanc, se campe pour uriner, est couvert de sueur et offre une respiration laborieuse, etc., etc., si ces mouvements désordonnés sont le résultat d'une altération matérielle des tissus, de la présence d'un corps étranger dont l'animal est dans l'impossibilité de se débarrasser, d'une irritation, d'une inflammation ou d'une congestion intestinale, d'une surexcitation nerveuse, etc., etc., ou enfin si l'animal est atteint d'une perforation de l'estomac, des intestins ou du diaphragme, on comprendra que la grande difficulté d'établir le diagnostic ne pouvant permettre aux cultivateurs d'agir que comme le feraient des empyriques, c'est-à-dire d'administrer indistinctement les mêmes médicaments pour tous les cas, il est plus profitable pour eux de s'abstenir que d'agir. Je crois donc leur être plus utile en leur faisant comprendre l'impossibilité où ils se trouvent de traiter eux-mêmes les chevaux atteints de coliques qu'en décrivant des symptômes et en indiquant des moyens thérapeuthiques. Il faudra donc, le plus tôt possible, recourir au vétérinaire et non pas perdre un temps précieux à administrer des médicaments rarement bien indiqués, pour n'avoir recours au médecin que quand l'animal est près d'expirer. Le vétérinaire n'a pas le don de faire des miracles ; averti trop tard, il a la douleur de prédire la mort prochaine d'un animal qu'il aurait pu guérir, si on l'eut averti plus tôt. Aussi, combien d'animaux meurent dans les campagnes, que des soins mieux entendus conserveraient à l'agriculture.

Si nous croyons de l'intérêt du cultivateur de ne pas s'occuper par lui-même de ses chevaux atteints de coliques, nous pensons aussi qu'il ne doit pas ignorer les causes qui les déterminent, afin de pouvoir les éviter. Les principales de ces causes sont : l'usage d'aliments de mauvaise qualité, durs, mal récoltés, mal conservés, flatueux ; du foin nouveau, de l'eau froide bue, les animaux ayant trop chaud ; et surtout un travail soutenu, sans proportion avec les forces de l'animal. Un travail trop considérable, en disproportion avec les forces et l'alimentation du sujet, affaiblit l'organisme, rend l'estomac et les intestins paresseux. Les digestions incomplètes, mal élaborées, ont pour premier résultat une assimilation insuffisante. D'un autre côté, la faiblesse du tube digestif occasionnant un séjour trop prolongé, dans les intestins, de matières impropres à la nutrition, ces matières agissent dans ce tube comme un corps étranger et déterminent quelquefois des accidents fort graves.

Anémie, Hydrohémie.

C'est encore à des travaux considérables, prolongés et trop précoces, accompagnés d'une alimentation insuffisante et d'un séjour dans des écuries froides, humides, mal aérées et où le fumier séjourne trop longtemps, que l'on doit attribuer ces maladies d'épuisement (anémie, hydrohémie), fréquentes dans les Ardennes et qui résistent ordinairement à la médication et aux soins les mieux entendus. On reconnaît ces maladies à la pâleur des membranes conjonctives pituitaire et bucchale dans le premier cas, et, dans le deuxième, à l'infiltration de ces mêmes membranes, à leur couleur rouge-safrané ainsi que, pour l'une et l'autre de ces deux affections, à un pouls habituellement vite et petit, à une respiration accélérée, difficile, irrégulière, aux battements du cœur quelquefois qui se manifestent durant l'exercice, ainsi qu'à une indolence habituelle, à des sueurs faciles, à un appétit irrégulier et à la prostration des forces.

Les amers, les toniques, les analeptiques surtout sont, parmi les moyens employés, ceux de l'usage desquels on retire le plus d'avantage, si on a le soin de tenir les animaux dans des écuries propres, sèches, bien aérées et dont la température, sans être trop élevée, soit néanmoins salutaire (15 degrés Réaumur à peu près).

Les bouillons de viande seraient, sans nul doute, le moyen le plus efficace pour combattre cette affection et pour rétablir promptement les malades, mais, c'est là un agent thérapeutique nouveau dans la médecine des herbivores. Je laisse aux propriétaires, tout en leur recommandant ce moyen, le soin de juger si, dans les cas dont il s'agit, il ne serait pas de leur intérêt bien entendu de sacrifier un mouton pour sauver un cheval.

Vertige abdominal.

Une maladie encore trop fréquente dans les Ardennes et qui fait périr la plupart des animaux qui en sont
atteints, est celle connue sous le nom de vertige abdominal ou indigestion vertigineuse. Cette grave affection
reconnaît pour principale cause l'usage des fourrages
excitants, des fourrages nouvellement récoltés et qui
n'ont pas encore jeté leurs feux, que l'on donne en
abondance aux animaux et que ceux-ci mangent avec
avidité. De là des indigestions qui se succèdent, occasionnent l'irritation de la membrane muqueuse intestinale, la faiblesse et l'embarras du tube digestif et par
suite ces souffrances intenses que les chevaux éprouvent;
cet état comateux, hébété qu'ils présentent, ces mouvements désordonnés, quelquefois furieux, auxquels ils
se livrent, et qui, dans le plus grand nombre de cas,
n'ont pour terme que la mort.

Comme ce sont des indigestions qui déterminent le
vertige abdominal, on doit chercher à guérir les chevaux dès que l'on reconnaît en eux de la tristesse et
qu'ils donnent des signes de douleurs abdominales. Au
début de cette affection, le cheval est inquiet, il gratte
le sol avec ses pieds antérieurs ; regarde son flanc, re-
fuse toute espèce d'aliments ou bien l'avoine seulement,
et il mange lentement le foin et la paille : il prend les
aliments, commence à les mâcher, s'arrête de nouveau
et avale enfin machinalement : il est nonchalant, pa-

resseux au travail et peu sensible aux corrections. L'emploi des purgatifs ainsi que de l'émétique dont on s'est également servi avec succès, doit être secondé par les lavements émollients et de temps à autre par des lavements purgatifs ou légèrement excitants. Si la saignée est jugée nécessaire, il est plus avantageux de n'en faire usage qu'après que les breuvages et les lavements purgatifs auront produit un commencement d'évacuations alvines.

Mais, comme j'ai eu occasion de le recommander, on doit avant tout, et c'est assurément ce qu'il y a de plus profitable pour les cultivateurs, éviter les causes qui produisent les maladies. Pourquoi, par exemple, cette incurie qui porte un grand nombre de cultivateurs ardennais à jeter au moment de la récolte le nouveau fourrage sur le vieux, de sorte qu'après l'engrangement, il n'a plus à offrir à ses chevaux qu'un foin en état de fermentation, irritant et indigeste ? Ce manque de soins, joint aux trop grandes fatigues qu'il fait supporter à ses chevaux, sont les principales causes de ces affections vertigineuses qu'il redoute ; qui, tous les ans déciment ses écuries, mais pour l'éloignement desquelles il ne fait absolument rien, puisque les mêmes négligences et les mêmes abus se renouvellent tous les ans. Cependant de sages avis leur ont déjà été donnés, soit par des vétérinaires, soit par des membres de la société d'agriculture pendant l'exercice de missions qui leur avaient été confiées, et qui avaient pour objet les soins relatifs à l'élève et à la conservation des animaux domestiques.

Gastro-entérite.

Cette maladie, qui attaque indifféremment les vieux chevaux comme les jeunes, s'observe quelquefois à l'état aigu, mais le plus ordinairement c'est à l'état chronique qu'on l'a remarquée sur les chevaux ardennais. Elle détermine en eux ces altérations continues du tube digestif qui occasionnent des coliques, l'amaigrissement, la production de tissus accidentels, des altérations profondes des membranes, enfin ce travail désorganisateur et prolongé qui amène la mort.

Nous ne dirons rien de la gastro-entérite aigue qui s'annonce toujours par des symptômes qui fixent suffisamment l'attention des cultivateurs pour qu'ils s'empressent de réclamer les soins d'un vétérinaire. Nous nous bornerons donc à faire connaître cette affection à son état chronique, parce que c'est alors qu'elle est méconnue ou négligée.

L'amaigrissement résultant de la pénurie d'aliments pendant l'hiver, suivi d'un engraissement amené par une nourriture abondante et nutritive donnée aux animaux vers la fin du printemps, et principalement à l'époque de la récolte des fourrages; les refroidissements de la peau résultant du séjour dans les pâturages pendant les nuits froides d'automne, les travaux trop forts et incessants que les chevaux ont à supporter, déterminent en eux une irritation de la membrane muqueuse gastro-intestinale qui a d'abord pour résultat des digestions pénibles, incomplètes, la diarrhée ou la constipation, l'amaigrissement des individus, leur faiblesse qui se traduit par des sueurs faciles et abondantes et par leur nonchalance au travail. Plus tard, l'appétit est capricieux, la peau sèche, les poils ternes, les flancs retroussés et les membranes muqueuses apparentes, pâles. Le goût est dépravé, les animaux lèchent les murs, mangent de la terre, du sable, du plâtre. Les digestions s'opèrent mal, elles sont imparfaites. Une grande partie des aliments pris par habitude plutôt que par plaisir sont rendus avec tous leurs principes nutritifs. De là l'amaigrissement dont nous venons de parler, et quelquefois un état de marasme incurable.

La gastro-entérite chronique parcourt ses périodes lentement, et ce n'est que trois ou quatre mois après les premières atteintes qu'elle se complique d'une fièvre hectique qui termine la vie, ou par le vertige abdominal dont nous venons de parler.

Ce que nous avons dit à l'occasion des coliques et de l'indigestion vertigineuse nous semble suffisant pour bien faire comprendre aux cultivateurs de quelle importance il est pour eux d'éloigner les causes des maladies. Nous ne cesserons pas de leur dire qu'ils peuvent facilement commettre des erreurs graves, très-préjudiciables à leurs intérêts, en cherchant à médicamenter leurs animaux eux-mêmes, tandis qu'ils ont tout à gagner à faire l'application des principes hygiéniques. Là est leur véritable intérêt, puisque, s'ils parviennent à maintenir leurs chevaux en bonne santé, ils n'auront pas à s'inquiéter des moyens à opposer à des affections qui n'aborderont pas leurs écuries.

Catarrhe nasal.

La phlegmasie de la membrane nasale assez fréquente chez les chevaux ardennais détermine un jetage plus ou moins abondant qui présente quelques rapports avec celui de la gourme, de l'angine, de la bronchite, et quelquefois même avec le jetage de la morve. S'il est à peu près indifférent de confondre le catarrhe nasal avec l'inflammation des parties de l'arrière-bouche ou des bronches, qui souvent existent en même temps, on comprend qu'il n'en peut être de même à l'égard de la morve.

Le catarrhe nasal, nommé encore chorysa ou rhinite, s'annonce toujours par un état fébrile. Le cheval est triste, peu actif, nonchalant dans ses allures ; il éprouve de légers frissons, s'ébroue fréquemment. Sa peau est sèche, le poil terne et piqué, son appétit est sensiblement diminué. La conjonctive est enflammée, les yeux sont larmoyants ; la membrane nasale devient sèche, chaude ; les glandes de l'auge se tuméfient et deviennent quelquefois le siège d'un abcès ; enfin l'écoulement nasal s'établit. Cet écoulement d'abord clair, s'opérant goutte à goutte, acquiert peu à peu une consistance plus grande et finit par constituer un jetage plus ou moins abondant, épais, blanc, qui coule par flocons, s'attache au pourtour du nez, mais non aux poils. Alors le cheval est moins triste, il s'ébroue moins souvent et plus facilement. Son appétit revient avec un sentiment de bien-être qui se décèle par la gaieté que l'on remarque en lui. Les symptômes diminuent d'intensité, et la maladie disparaît du quinzième au vingtième jour après son invasion.

Si l'écoulement nasal et l'engorgement ganglionaire de l'auge persistent au-delà de 20 jours, il est à craindre que le catarrhe nasal, passant à l'état chronique, ne dure longtemps et n'acquière des caractères fâcheux qui lui donnent quelque ressemblance avec la morve.

Comme il est très-important de pouvoir établir de bonne heure si le cheval est atteint de chorysa ou de morve, nous allons faire connaître la différence qui existe entre les deux maladies.

Dans le chorysa, l'écoulement s'effectue toujours par les deux naseaux ; dans la morve, ce n'est que par un seul, presque toujours par le gauche.

Dans le chorysa, la matière de l'écoulement nasal est d'un blanc homogène et sans adhérence aux poils ; dans la morve, sa couleur est d'un blanc jaunâtre, verdâtre ou sanguinolent. Enfin, dans le chorysa, les ganglions de l'auge sont isolés, forment de petits corps glanduleux qui quelquefois s'abcèdent; dans la morve, les glandes sont circonscrites, très-adhérentes et ne s'abcèdent jamais.

Le catarrhe nasal résultant presque toujours d'un refroidissement de la peau, on comprend que les vicissitudes atmosphériques , si fréquentes dans les Ardennes, principalement au printemps et en automne, doivent souvent l'occasionner, et qu'il en est de même du passage d'une écurie très-chaude dans les pâturages humides des prairies enveloppées de brouillards. C'est ce qui arrive après que les foins ont été enlevés : on conduit alors les animaux à deux heures du matin dans la prairie, on les en retire à huit ou neuf heures pour les y ramener à six heures de l'après-midi jusqu'à dix ou onze heures du soir, tous les jours, par tous les temps et jusqu'à l'entrée de l'hiver.

Le chorysa étant une affection ordinaire , simple et d'habitude sans malignité , le traitement en devient facile lorsqu'on connaît les causes qui l'occasionnent. Le séjour dans une écurie dont la température soit douce, une couverture de laine sur le corps , des fumigations émollientes , tièdes , dirigées dans les naseaux, des boissons tièdes, blanchies, miellées , nitrées, quelques lavements, sont les moyens que l'on devra d'abord employer, et qui d'habitude suffisent pour combattre cette affection. Mais si, sous l'influence de cette prescription, le catarrhe nasal ne disparaissait pas, et qu'il eut une tendance à passer à l'état chronique, il faudrait s'empresser d'appeler un vétérinaire, parce que le traitement devient alors d'une difficulté trop grande, et au médecin seul appartient de juger si la saignée , les fumigations émollientes ou excitantes, les exutoires , les purgatifs, etc., etc., doivent être employés , dans quel moment et de quelle façon on peut avantageusement recourir à ces différents moyens thérapeutiques.

Morve.

La morve étant jusqu'à ce jour une maladie incurable, se communiquant, non-seulement des animaux aux animaux, mais encore de ceux-ci à l'homme, comme plusieurs cas bien constatés l'ont démontré de la manière la plus évidente, la vulgarisation de son étude devient du plus grand intérêt. Il est important que les cultivateurs en étudient les symptômes et les causes avec le plus grand soin, pour pouvoir faire abattre sans regret les chevaux qui en seraient atteints, ainsi que pour rendre les cas plus rares, sinon nuls. L'abat immédiat des chevaux est une mesure extrême et fâcheuse, j'en conviens; mais elle est plus avantageuse aux cultivateurs que tout autre, puisque, en conservant les chevaux morveux dans l'espérance de les guérir, ils perdent du temps, de l'argent, s'exposent à voir cette maladie formidable attaquer les autres chevaux de l'exploitation, et, ce qui est bien plus effrayant que tout cela, ils peuvent devenir eux-mêmes victimes de ce redoutable fléau.

L'étude des causes qui prédisposent les chevaux à cette affection ou qui l'occasionnent, fera comprendre aux cultivateurs la nécessité d'observer les prescriptions d'une saine hygiène qui sont le moyen de rendre les cas de morve beaucoup plus rares d'abord, et de procurer probablement par la suite la satisfaction de voir cette impitoyable maladie disparaître à jamais.

Symptômes. — Engorgement, tuméfaction des glandes de l'auge, se montrant à la face interne de l'une des branches du maxillaire inférieur, à sa partie tubéreuse et contournée. Ces glandes, toujours circonscrites, sont souvent adhérentes à la peau, dures, ordinairement indolentes, quelquefois sensibles à la pression. Ecoulement par la narine du côté où se trouvent les glandes (très-souvent du côté gauche), d'une humeur visqueuse adhérente aux ailes du nez, plus ou moins épaisse, souvent grumeleuse et de couleur d'abord jaunâtre ou blanchâtre, ensuite jaune-verdâtre, quelquefois sanguinolente. L'œil du côté par où s'effectue l'écoulement nasal devient chassieux et larmoyant; enfin la membrane pituitaire présente des ulcères plus ou moins nombreux (chancres). L'os frontal fait saillie sous la peau, la percussion sur cette partie bombée de l'os fait éprouver de la douleur au cheval. La matière qui s'écoule par les naseaux, d'abord inodore, répand plus tard une odeur particulière ressemblant à celle de la carie.

On voit fréquemment une claudication intermittente sans cause bien appréciable, l'empâtement des testicules ou une toux fréquente ou quinteuse, précéder l'apparition des symptômes que nous venons d'énumérer.

Causes. — Ce n'est pas une cause unique qui produit la morve; on ne connaît aucune spécialité à ce sujet, mais bien un concours d'actions au milieu duquel les chevaux se trouvent. A part la contagion, c'est

ordinairement sous l'influence de plusieurs causes agis-
sant ensemble ou successivement que la morve se manifeste : ainsi, les travaux continuels sans proportions ni
avec la force des sujets qui y sont soumis, ni avec la
nourriture qui leur est offerte, ni avec cette alternative
d'un repos judicieux indipensable au maintien de la
santé ; des écuries mal saines, soit parce qu'elles sont
froides, humides, mal aérées ou malpropres par suite
du trop long séjour du fumier d'où se dégagent des
émanations irritantes, ou parce que le sol est au-dessous
du terrain environnant, ou bien encore parce qu'elles
renferment habituellement un trop grand nombre d'a-
nimaux ; des aliments de mauvaise qualité, avariés,
une nourriture insuffisante qui appauvrit toute la machine animale ; les refroidissements subits de la peau,
les animaux rentrant du travail dans un état de sueur
bien prononcé, occasionnés par l'envoi des chevaux
dans cet état sur des pâturages humides, froids, om-
bragés, couverts de rosée, enveloppés de brouillards,
ou bien par des boissons trop froides qui peuvent leur
être offertes, ou bien encore par des courants d'air qui
s'établissent dans les écuries lorsqu'on en laisse les por-
tes et les fenêtres opposées ouvertes ; enfin les fatigues
alternant avec une trop longue inaction, sont les causes
les plus ordinaires de la morve.

Relativement à la conformation des chevaux, quoique l'on ait souvent remarqué des chevaux morveux
parmi les mieux faits, il n'en est pas moins évident que
ceux qui possèdent une poitrine étroite et élevée, la
côte plate, les hanches saillantes, les flancs creux pré-

sentant une aptitude moins grande à résister aux influences maladives doivent, toutes choses égales, devenir morveux plus facilement que d'autres plus heureusement conformés. J'en dirai autant des chevaux d'un tempérament lymphatique.

Nous croyons qu'il suffit, dans l'intérêt bien entendu des cultivateurs, de l'exposition que nous venons de faire des symptômes qui font reconnaître la morve et des causes qui l'occasionnent. Avec le secours des premiers, ils pourront à temps séparer les chevaux malades de ceux qui ne le sont pas, et, avec la connaissance des autres, ils comprendront ce qu'ils auront à faire pour préserver leurs chevaux de cette meurtrière maladie. Pour cela, ils n'ont qu'à mettre en pratique les règles d'une saine hygiène. C'est ce qu'ils obtiendront en plaçant leurs chevaux dans des conditions opposées à celles que nous venons de leur faire connaître par l'énumération des causes de la morve.

Quant au traitement, il est bon que les cultivateurs sachent qu'une infinité de moyens thérapeutiques ont été mis en usage et que tous, jusqu'à ce jour, sont venus se briser contre cette redoutable affection.

Ebullition.

Cette affection, ordinairement bénigne, quelquefois partielle, d'autres fois générale, est une congestion cutanée qui s'annonce par des boutons plus ou moins nombreux et rapprochés , aplatis , circonscrits , sans douleur , toujours placés dans l'épiderme à la surface de la peau , accompagnés ou non de prurit. Ces boutons, qui apparaissent toujours subitement , se remarquent, au printemps, sur des chevaux d'un tempérament sanguin, ou après la récolte des fourrages , lorsqu'on donne aux chevaux des foins qui n'ont pas subi un degré suffisant de fermentation. L'usage de trop de grains ou de grains nouveaux, des courses et des travaux trop rudes, qui ont pour effet un accroissement de vitesse dans la circulation et une plus grande activité des fonctions de la peau, peuvent également l'occasionner.

. Lorsque l'ébulition est partielle , qu'elle ne se manifeste que par quelques boutons situés sur une des parties du corps , les chevaux n'en sont pas sensiblement malades. Une saignée, des boissons tièdes , blanchies avec de la farine d'orge , un séjour de courte durée à l'écurie au milieu d'une douce température , ensuite un exercice léger en ayant soin de bien frictionner le cheval avec un bouchon de paille et de le bien couvrir en rentrant , sont des moyens suffisants pour obtenir une résolution satisfaisante. Dix à quinze jours sont ordinairement le terme de cette affection.

Mais il n'en est pas de même lorsque l'ébullition est générale; dans ce cas, des boutons plus ou moins larges s'étendent sur presque tout le corps. Le cheval est triste, son appétit est diminué. Les membranes muqueuses apparentes sont enflammées , la conjonctive surtout est engorgée et de couleur rouge vif; les yeux sont larmoyants, l'air expiré est chaud, la respiration laborieuse, le pouls dur et plein, ou fort et vite. Les crotins sont pelotonnés, luisants et de couleur foncée, les extrémités inférieures des membres souvent engorgées. La température de la peau est élevée ; enfin il existe une fièvre de réaction plus ou moins intense.

L'ébullition peut se compliquer d'entérite, de bronchite, de gastro-entérite, rendre les chevaux très-malades et la terminaison fâcheuse, si on n'emploie pas de suite les moyens propres à combattre cette affection.

La saignée au début, répétée une seconde ou une troisième fois, selon l'état du pouls, la rougeur des conjonctives et les mouvements respiratoires, la suppression du foin que l'on remplacera par de bonne paille de froment, des boissons tièdes, blanchies, miellées, nitrées, des lavements émollients, une température douce de l'écurie, des couvertures de laine sur le corps, sont les moyens auxquels il faut d'abord avoir recours. Plus tard, si la résolution ne s'opère pas complètement et après que les symptômes inflammatoires ont disparu, on devra employer les frictions excitantes sur les parties où les pustules boutonneuses persistent. Si les extrémités inférieures des jambes restent engorgées, on fera usage sur ces parties de frictions sèches que l'on fera suivre de frictions d'eau-de-vie camphrée, dont on secondera l'action par de légères promenades ou un léger travail, selon l'état dans lequel se trouvera le malade. Si le système respiratoire participe plus particulièrement de l'état inflammatoire, on devra faire usage de fumigations émollientes dirigées dans les naseaux, et on administrera, deux ou trois fois par jour, deux onces à peu près chaque fois, d'un opiat composé de poudres de guimauve et de réglisse incorporées dans une suffisante quantité de miel. On peut également, dans ce cas, si la membrane muqueuse du canal digestif n'est pas malade, administrer dans du son du sulfate de soude à la dose de 128 grammes par jour.

Les croutes qui résultent de l'agglutination des poils par la liqueur qui s'échappe des petites vésicules qui se forment à la surface des boutons, sont enlevées au moyen de lotions émollientes et tièdes que l'on peut faire suivre, dans quelques cas, de frictions d'eau-de-vie camphrée.

Quoique le farcin soit une maladie très-rare dans les Ardennes, nous ne croyons pas inutile de faire remarquer la différence qui existe entre cette affection et l'ébullition, afin qu'on ne puisse, dans aucun cas, se méprendre sur le caractère de ces deux affections cutanées.

Les boutons de farcin ont leur siège sous la peau, dans le tissu cellulaire; ils sont arrondis, douloureux, placés les uns à la suite des autres, de manière à former une espèce de corde ou chapelet, et ils se développent lentement. Les pustules boutonneuses qui constituent l'ébullition, au contraire, se manifestent plus ou moins subitement, ont leur siège sous l'épiderme et sur la peau, sont larges, aplaties, indolentes et disséminées sans ordre sur la surface du corps.

Dartres.

Les dartres sont généralement dans les Ardennes de nature furfuracée ou farineuse. Ce sont de petits boutons peu visibles à l'œil nu, dont l'assemblage forme des plaques arrondies, circonscrites, peu étendues, dépourvues de poils, à bords relevés, accompagnées de démangeaison et fournissant une poussière farineuse qui salit les poils environnants. Les dartres qui ont leur siège à la face sont plus étendues, moins circonscrites et résistent davantage à l'action des médicaments mis en usage pour les faire disparaître, que celles situées sur tout autre partie du corps. Les chevaux atteints de plaques dartreuses ne paraissent pas malades ; ils mangent, boivent et travaillent comme d'habitude.

Les causes qui produisent les dartres sont rangées parmi celles qui peuvent occasionner une irritation cutanée ou intestinale. Ainsi les refroidissements de la peau, par suite d'une suppression brusque de transpiration. La malpropreté habituelle dans laquelle on tient les chevaux, une constitution atmosphérique trop sèche ou trop humide d'une longue durée ; le séjour habituel dans des écuries humides, froides, malpropres ; une nourriture insuffisante ou de mauvaise qualité, mal récoltée, mal conservée ; des eaux croupissantes contenant des matières végétales ou animales en putréfaction ; enfin des travaux trop rudes et trop prolongés qui ne sont en rapport ni avec les forces de l'animal, ni avec le repos qu'on lui permet, ni avec la nourriture qu'on lui donne. On n'est pas bien fixé sur la transmission de cette affection d'un cheval à un autre par contagion, mais il ne reste aucun doute sur les prédispositions héréditaires. Il faut donc éloigner avec soin, de la production, les juments et les étalons chez lesquels les dartres se remarquent habituellement, à certaines époques de l'année.

L'exposé des causes occasionnelles de cette affection fait assez comprendre que les premiers soins à donner aux chevaux malades, c'est de les placer dans des conditions opposées à celles sous l'influence desquelles les dartres ont pu apparaître. Ainsi, des travaux modérés, de bons aliments et en quantité suffisante, de l'eau de bonne qualité, la propreté des écuries, des pansages réguliers, sont les premiers moyens à mettre en usage. On s'occupera en même temps de la médication qui, alors, agira plus efficacement. Après avoir coupé les poils autour des plaques dartreuses, on lavera les parties malades de la peau avec une décoction de mauves pour les assouplir ; on les décrassera ensuite par des lavages d'eau de savon ou avec de la lessive et du savon. Ces lavages devront être faits avec une brosse pour bien décrasser la peau. Débarrassée des croûtes ou de la poussière qui la salissent, la peau, mise à nu, reçoit plus immédiatement l'action médicamenteuse. Des onctions de pommade soufrée, de sulfure de soude ou de potasse, l'huile empyreumatique, l'onguent mercuriel double, l'onguent vésicatoire sont les agents thérapeutiques qui font disparaître les dartres de la nature de celles dont nous parlons.

Quoique un traitement uniquement externe soit assez généralement sans inconvénient chez les chevaux, il est d'une bonne pratique de le faire précéder par l'emploi de quelques diurétiques ou purgatifs. Le sel de nitre dans le barbottage, pendant huit jours, à 32 grammes par jour, ou du sulfate de soude incorporé dans de l'avoine ou du son, pendant trois jours, à la dose de 128 grammes par jour, sont des médicaments faciles à administrer et qui produisent une action salutaire.

Gale.

De petites vésicules blanches, transparentes à leur sommet, contenant une sérosité visqueuse qui, en se répandant, agglutine d'abord les poils et en opère ensuite la chute sur une plus ou moins grande étendue, constituent cette phlegmasie de la peau, connue sous le nom de gale. Cette affection, toujours contagieuse, prurigineuse et fort incommode, se remarque plus particulièrement sur les faces de l'encolure, du garrot, de l'épine dorsale, des côtes, sur les épaules, à la crinière et à la queue. La gale, ne disparaissant jamais spontanément, très-difficile à guérir, se manifeste sous l'influence des mêmes causes que celles qui occasionnent les dartres. Elle se transmet aussi par contact immédiat d'un cheval à un autre, principalement lorsque ces animaux, travaillant ensemble, sont dans un état de transpiration. Les harnais d'un cheval galeux peuvent aussi communiquer la gale à un cheval sain, en sueur, pour lequel on les aura fait servir.

La gale, qui a son siège à la crinière, se nomme *roux-vieux*, elle est ordinairement très-rebelle et détermine une démangeaison tellement intense qu'elle oblige les chevaux à se frotter contre tous les corps durs qui se trouvent à leur portée.

Les causes qui prédisposent les chevaux aux dartres ou qui les font surgir en eux étant aussi, plus la contagion, celles qui peuvent occasionner la gale, nous ne répéterons pas ici ce que nous venons de dire relativement aux soins dont les animaux doivent être l'objet. Comme pour les dartres, on doit commencer le traitement de la gale par l'administration de diurétiques, de purgatifs, et par nétoyer la peau au moyen de lavages émollients d'abord, ensuite excitants et faits avec de la lessive et du savon vert. Cela fait, on étendra sur les parties malades un mélange de pommade mercurielle mélangée à un quart ou à un tiers de sulfure de potasse. Si ces moyens étaient insuffisants, il faudrait réclamer le secours d'un vétérinaire.

Maladies des articulations chez les Poulains
(Arthrocace.)

Cette maladie, qui nous semble n'être autre chose qu'une arthrite rhumatismale , se manifeste par des tuméfactions douloureuses des articulations , souvent accompagnées de diarrhée et de fièvre plus ou moins intense. C'est de six mois à un an que les poulains y sont le plus exposés. L'articulation, qui est le siège de la maladie, est gonflée , douloureuse ; la peau en est distendue , chaude, fluctuante sur certains points. Le poulain est triste , perd son appétit, reste habituellement couché ; lorsqu'il marche, ce n'est qu'avec peine qu'il parcourt une distance de peu d'étendue. Enfin, il dépérit considérablement , et souvent la mort vient mettre un terme à ses souffrances. Si on parvient à le guérir , ce n'est jamais qu'imparfaitement : il reste longtemps maigre, souffreteux, et conserve les articulations plus ou moins gonflées.

Les causes les plus probables et les plus ordinaires de cette affection, sont une température ou des écuries froides ou humides, le manque de soins et une mauvaise nourriture. La mère mal nourrie, trop fatiguée pendant la gestation ou durant l'allaitement y prédispose le poulain.

Plusieurs moyens ont été proposés pour combattre l'arthrocace, toujours funeste aux poulains, soit par ses

résultats immédiats, soit par les affections qui en sont
la conséquence et qui peuvent se manifester plus tard ,
lorsque les poulains paraissent avoir été guéris. Ici ,
comme pour toutes les maladies auxquelles les principaux animaux domestiques sont exposés, le cultivateur
doit étudier les causes prédisposantes ou occasionnelles
et s'occuper avec persévérance à les annuler. Si, malgré
tous les soins dont la mère et les produits ont été l'objet,
l'arthrocace se manifestait , il faudrait placer le malade
dans une écurie propre , chaude et sèche , lui enve-
lopper le dos et le ventre avec des couvertures de laine,
faire des frictions sèches sur le ventre et les extrémités,
et administrer des lavements émollients. On fera prendre ensuite , tous les jours , 32 grammes de nitrate de
potasse , incorporés dans du miel. On appliquera , autour de l'articulation malade , un cataplasme composé
d'une décoction d'un mélange de mauves et de jus-
quiame. Ce cataplasme , qui sera maintenu sur la
partie pendant tout le temps qu'il conservera de la
chaleur , devra être renouvelé matin et soir. Lorsqu'on
enlèvera le cataplasme , on lotionnera l'articulation
avec une infusion tiède de camomille , et on l'envelop-
pera ensuite avec de la laine. S'il s'établit un point
fluctuant, on ouvrira la tumeur sur ce point et on pro-
mènera légèrement un cautère à bouton, rougi au feu,
sur les lèvres de la plaie. Si, au contraire , l'engorgement persiste, quoique la chaleur et la tension de la
peau aient sensiblement diminué ou disparu, on prati-
quera des frictions sur la partie malade avec l'onguent
chaud résolutif fondant de Lebas. Les préparations

d'iode ou d'iodure de potassium, soit à l'intérieur, soit à l'extérieur, soit même en injection dans les articulations, sont d'une action plus sûre et d'un résultat plus efficace que l'emploi des moyens que nous venons de faire connaître, mais ce sont des médicaments dont l'administration et l'application ne peuvent être réglées que par un vétérinaire.

FIN.

L'association hippique de l'arrondissement de Sedan s'étant constituée pendant que notre *Traité des Chevaux ardennais* était sous presse, nous croyons devoir ajouter ici ses statuts.

Statuts de l'Association Hippique de l'arrondissement de Sedan.

I. — Le but de l'Association est l'amélioration de la race chevaline ardennaise, tant par elle-même que par les étalons pur-sang percherons.

II. — L'Association se compose de toutes les personnes qui auront déclaré adhérer aux présens statuts et auront souscrit l'obligation de payer, pendant trois années au moins, la cotisation annuelle de vingt francs.

III. — Le siége de l'Association est fixé à Sedan. Elle sera de plein droit constituée dès qu'elle comptera soixante membres souscripteurs.

IV. — L'assemblée générale des souscripteurs nommera

un Président, un Vice-Président, un Secrétaire et un Trésorier. Ces quatre titulaires avec cinq membres désignés par l'assemblée générale, et pris chacun dans l'un des cinq cantons de l'arrondissement de Sedan, formeront le Bureau d'administration. Toutes les fonctions administratives de l'Association sont gratuites. Le Bureau est renouvelé tous les trois ans, au scrutin de l'assemblée générale ; tous les membres en sont rééligibles.

V. — Le Président propose les questions à résoudre, soit par le Bureau, soit par l'assemblée générale. Il veille au maintien des statuts et à l'ordre des délibérations. Assisté des membres du Bureau, il recueille les suffrages, en proclame les résultats. Il ordonnance les dépenses de l'Association, après délibération du Bureau, et en se conformant aux prévisions arrêtées annuellement par l'assemblée générale.

Le Président, après que le Bureau en aura délibéré, peut ordonnancer, pour dépenses urgentes et imprévues, en un ou plusieurs mandats, jusqu'à concurrence du vingtième de la totalité des cotisations annuelles.

VI. — Le Vice-Président remplace le Président et en exerce toutes les attributions, chaque fois qu'il y a nécessité. En cas d'absence des Président et Vice-Président, la présidence est déférée au doyen d'âge des membres présens.

VII. — Le secrétaire tient la correspondance, prend note des délibérations, rédige les procès-verbaux des séances. En cas d'absence du Secrétaire, le plus jeune des membres présens le remplace.

VIII. — Le Trésorier opère les recettes et acquitte les dépenses, et en tient écriture. Chaque année, il rend son compte au Bureau d'administration qui, après examen, le soumet au règlement de l'assemblée générale.

IX. — Le Bureau d'administration, composé comme il est dit en l'article IV ci-dessus, dirige les opérations et surveille les intérêts de l'Association. Il pourvoit aux ventes des étalons, ainsi qu'il sera ci-après expliqué, et à l'exécution des clauses et conditions de ces ventes. Il ne peut délibérer qu'autant que cinq membres au moins sont présens.

X. — L'assemblée générale désignera chaque année celui de ses membres, ou toute autre personne à ce connaissant, qui sera chargé de faire les achats d'étalons ; elle fixera l'indemnité à payer pour raison de cette opération, si elle ne peut être gratuite.

XI. — L'Association aura, chaque année au moins, une assemblée générale, tant pour l'exécution de l'article précédent que pour arrêter les comptes de l'année écoulée, et le budget de l'année commençant. Il suffira de vingt-cinq membres présens pour valider les délibérations. Toutes les résolutions seront prises au scrutin secret et à la majorité relative des suffrages.

XII. — Tout souscripteur qui, dans les six premiers mois de la troisième année de la première période triennale, n'aurait pas notifié par écrit sa volonté de quitter l'Association, continuera de plein droit d'en faire partie l'année suivante, et ainsi d'année en année.

XIII. — Le montant des souscriptions sera employé annuellement, savoir :

1° A l'achat d'étalons ardennais de race pure ou parfaitement régénérée;

2° A l'achat d'étalons percherons de race pure, pris parmi les plus légers, mais bien membrés, ayant la croupe et la côte bien faites, la poitrine bien développée, la tête carrée et légère, l'œil bien ouvert et expressif, la corne bonne, et la taille d'au moins 1 mètre 530 millim. à 1 mètre 550 millim.

3° Au paiement des dépenses accessoires et des frais de bureau et de correspondance.

XIV. — Les étalons de l'Association seront vendus à l'encan et au plus offrant, à charge par l'acquéreur de les livrer à la reproduction pendant cinq ans au moins, après lequel délai l'adjudicataire en aura la propriété absolue.

Les charges et conditions de ces ventes seront préalablement délibérées et arrêtées par le Bureau d'administration.

XV. — Il sera loisible à tout membre associé de se rendre propriétaire d'un étalon, en remboursant le prix qu'il aura coûté, et en s'obligeant à le livrer à la reproduction pendant cinq ans. Tout associé aura en outre la faculté de faire acheter pour son compte, par le délégué de la Société, un ou plusieurs étalons des pures races ardennaise ou percheronne, et il ne devra que le prix d'achat, sans être tenu d'aucun des frais d'acquisition et de transport, qui retomberont à la charge de l'Association. Mais en compensation, il devra s'engager à livrer à la reproduction, pendant un an, chaque étalon acheté ainsi pour son compte.

XVI. — L'Association ne pourra être dissoute que par la volonté des trois quarts au moins des membres associés. Elle serait également dissoute le jour où le nombre de ses membres serait réduit à moins de soixante. Les membres restans, au moment de la dissolution, régleront seuls l'emploi du fonds social en caisse, sans que les anciens souscripteurs aient à exercer aucune répétition à cause des cotisations par eux précédemment payées.

XVII. — L'Association est, quant à présent, limitée à l'arrondissement de Sedan. Dans le cas où les autres arrondissemens du département des Ardennes formeraient des Associations semblables et ayant le même but, la Société sedanaise accueillera toutes les propositions de fusion qui lui seraient faites dans des termes acceptables, en sorte que les diverses Associations d'arrondissement, s'unissant successivement entr'elles, puissent arriver à constituer ultérieurement l'Association Hippique départementale.

Ainsi fait et arrêté entre nous soussignés, à Sedan, le 6 novembre 1845.

DE LABROSSE-BÉCHET. — P. LAMOTTE. — LUSTRUBOURG. — LAFFINEUR. — PARPAITE père. — PARPAITE aîné. — L. BODSON. — E. RICHÉ. — E. PONCELET. — Victor VACQUANT. — DEVRIGNE. — LAIRÉ. — Eug. VAILLANT. — HANOTEL-LEFORT. — N. HUSSON. — POURSAIN. — Ch. HABLOT. — JACQUEMIN. — Ch. LEROY. — H. FLEURY. J. LAMOTTE.

ERRATA